上海大学出版社

2005年上海大学博士学位论文 1

轴向运动粘弹性梁的横向振动分析

● 作 者： 杨 晓 东

● 专 业： 一 般 力 学 与 力 学 基 础

● 导 师： 陈 立 群

2005年上海大学博士学位论文 1

轴向运动粘弹性梁的横向振动分析

作　　者：杨晓东
专　　业：一般力学与力学基础
导　　师：陈立群

上海大学出版社
·上海·

Shanghai University Doctoral Dissertation (2005)

Dynamical Analysis of Transverse Vibrations of Axially Moving Viscoelastic Beams

Candidate: Yang Xiaodong
Major: General Mechanics and Mechanical Foundation
Supervisor: Prof. Chen Liqun

Shanghai University Press
· Shanghai ·

上海大学

本论文经答辩委员会全体委员审查，确认符合上海大学博士学位论文质量要求.

答辩委员会名单：

主任：	刘延柱	教授，上海交大工程力学系	200030
委员：	徐　鉴	教授，同济大学航空航天与力学学院	200092
	王如彬	教授，东华大学理学院	200051
	程昌钧	教授，上海大学力学系	200436
	郭兴明	教授，上海应用数学和力学研究所	200072
导师：	陈立群	教授，上海大学	200072

评阅人名单：

陆启韶	教授，北京航空航天大学理学院	100083
徐　鉴	教授，同济大学航力学院	200092
张　伟	教授，北京工业大学机电学院	100022

评议人名单：

刘延柱	教授，上海交大工程力学系	200030
金栋平	教授，南京航空航天学院航宇学院	210016
黄志龙	教授，浙江大学固体力学研究所	310027
金基铎	教授，沈阳航空工业学院工程力学系	110034

答辩委员会对论文的评语

杨晓东同学的博士学位论文研究了轴向运动粘弹性梁的横向振动问题.此类问题是目前动力学领域中的重要研究课题,有重要的理论意义和工程应用背景.

论文取得主要创新成果如下:

1. 用多尺度方法和平均法讨论了运动梁在平衡位置的稳定性,分析了由于速度变化而导致的次谐波共振失稳及分岔问题,用多尺度方法分析强迫振动的稳态响应及跳跃现象;

2. 分析粘弹性阻尼对梁轴向运动、幅频响应及失稳范围的影响;

3. 引入两端带有弹簧铰支的新支承条件,并分析了这种支承条件下的各类振动问题;

4. 用 Galerkin 方法对控制方程离散并用数值方法讨论梁横向振动的分岔及混沌现象,对 Galerkin 方法在轴向运动梁中的应用问题做了较深入的研究.

论文选题新颖,有相当难度,工作量大,涉及面广泛,是一篇优秀的博士论文.论文反映出作者较全面地掌握了与本课题相关的国内外发展动态,具有坚实宽广的基础理论和系统深入的专门知识,以及很强的独立科研能力.

答辩委员会表决结果

经答辩委员会表决，全票同意通过杨晓东同学的博士学位论文答辩，建议授予工学博士学位.

答辩委员会主席：刘延柱

2004年12月22日

摘　　要

轴向运动梁是一种重要的工程元件，在动力传送带、磁带、纸带、纺织纤维、带锯、空中缆车索道、高楼升降机缆绳、单索架空索道等多种工程系统中都有着广泛的应用，因而轴向运动连续体横向振动及其控制的研究有着重要的实际应用价值. 同时，轴向运动连续体作为典型陀螺连续系统，由于陀螺项的存在，对其振动的分析也有着重要的理论意义.

轴向运动梁控制方程中的非线性项是由梁的大变形引起，梁的弯曲变形引起轴向应力的变化，这种非线性项即所谓几何非线性. Wickert 提出准静态假设，认为因梁弯曲变形而引起的应力变化，沿梁的轴向近似均匀分布，应力取梁应力的一个平均值，得到了轴向运动梁非线性振动的积分-偏微分方程. 在本文中，我们分析梁上微单元的受力情况，利用牛顿第二定律得到梁非线性振动的偏微分方程，在这种非线性模型，梁的轴向应力在梁的整个轴不再是一个静态值，而是与轴向坐标有关的一个变量.

在本文的轴向运动梁振动的分析中，我们还要考虑梁材料的粘弹性. 这种粘弹性阻尼的存在对运动梁振动的幅频响应、受迫振动以及受激励运动梁的稳定性有非常明显的作用.

对于带有小扰动的轴向运动梁的非线性振动，摄动法是解决问题的有效途径. 由于连续介质为无穷维的系统，对其离散必造成误差. 传统的对离散化方程做摄动法有一定的局限性. 本文中，将要利用直接多尺度法来分析轴向运动梁的振动问题,把多尺度法直接应用于梁的控制偏微分方程,然后根据可解性条件求解.

利用多尺度法,我们对带有参数激励或外激励的轴向运动梁非线性振动的幅频响应做出了详细的分析.用这种方法研究了次谐波共振及组合共振时的分岔行为和稳定性以及受迫共振的跳跃现象和稳定性问题对跳跃的影响.对于线性系统的小扰动情况,我们还用平均法分析了共振所引发的失稳现象,讨论了多种参数,比如轴向速度,刚度,粘弹性阻尼等对失稳区域的影响.

多尺度方法是解决微分方程有效的方法,人们往往用一阶近似来讨论问题.我们用二阶多尺度方法发现了梁粘弹性阻尼对梁自然频率的影响,而这是用一阶多尺度方法无法得到这种结果的.

以前文献所假设的边界条件,多认为运动两端为铰支或固支,而实际上,这种假设过于理想化.本文中,我们将研究一种新的边界条件,即两端带有扭转弹簧的铰支支承条件,这种边界条件更符合工程实际中的真实情况.可以证明,铰支边界假设低估了梁的自然频率,而固定支承计算所得固有频率结果值偏大.

Galerkin 截断方法常常用于求解偏微分方程,它可以用来分析强非线性及高速轴向运动梁的振动控制方程.本文中我们将讨论 Galerkin 方法在轴向运动梁控制方程中应用的可行性.对利用四阶 Galerkin 方法得到的离散化的方程,我们用 Runge-Kutta 数值方法分析其动力学特性.用相平面图,Poincare 应映等方法分析加速轴向运动梁横向振动随速度、阻尼及扰动振幅等参数的分岔情况,用 Lyapunov 指数判断振动的混沌特性.

关键词: 轴向运动梁,粘弹性,偏微分方程,非线性振动,平均法,多尺度方法,Galerkin 方法,数值方法,分岔,混沌

Abstract

The class of systems with axially moving materials involves power transmission chains, band saw blades, aerial cableways and paper sheets during processing. Transverse vibration of such systems is generally undesirable although characteristic of operation at high transport speeds. The study of the vibration response of the axially moving materials is of great significance. Through a convective acceleration component, the governing equations of motion for axially moving materials are skew-symmetric in the state space formulation. The research of the transverse vibration in that case may pay contribution to the context of continuous gyroscopic systems.

The nonlinear effect cannot be neglected if the transverse displacement of the axially moving beam is rather large. When transverse motion is treated for axially moving beams, there are two types of nonlinear models, a partial-differential equation or an integro-partial-differential equation. The partial-differential equation is derived from considering the transverse displacement only, and the integro-partial-differential equation is traditionally derived from decoupling the governing equation of coupled longitudinal and transverse motion under the quasi-static stretch assumption that supposes the influence of longitudinal inertia can be neglected.

The modeling of dissipative mechanisms is an important research topic of axially moving material vibrations. Viscoelasticity is an effective approach to model the damping mechanism. In present investigation, the Kelvin viscoelastic model will be adopted in the studying of the free vibration, parametric resonance, and the forced vibration of the axially moving beam.

Vibrations of continuous systems are always modeled in the form of a partial differential equation with small nonlinear or perturbed terms. The perturbation methods may be applied directly to the partial differential equation system. This approach is called direct-perturbation method. The direct-perturbation method produces more accurate results than the discretization method because the eigenfunctions represent the real system better in the case of the direct-perturbation method.

In fact, many real systems could be represented by the axially moving materials with pulsating speed. That is, the axial transport speed is a constant mean velocity with small periodic fluctuations. In some other case, if the foundations supporting the axially moving materials are not motionless, the forced transverse vibration must be considered. The method of multiple scales can be used in those governing equations. The amplitude response and the stability could be discussed for parametric and combination resonance in disturbed systems and jump phenomenon at near- and exact-resonance in forced vibration case. Numerical examples are presented to highlight the effects of speed pulsation, viscoelasticity, and nonlinearity and to compare results obtained from the equations with nonlinear terms. The contribution of the viscoelasticity to the natural frequencies can be analyzed by second order multiple scale method.

The boundary conditions of the axially moving beams are always modeled as simple-simple or fixed-fixed at both ends. In fact, many supporting conditions are not absolutely simple ends or fixed ends. Beams are always fastened up by elastic joints at both ends. The supporting conditions may be formulated as simple supports with torsion springs. Some studies are developed in that boundary condition.

In the numerical simulation part, the Galerkin method is applied to truncate the governing equation into a set of ordinary differential equations. By use of the Poincaré map, the dynamical behaviors are identified based on the numerical solutions of the ordinary differential equations. The bifurcation diagrams are presented in the case that the mean axial speed, the amplitude of speed fluctuation and the dynamic viscoelasticity is respectively varied while other parameters are fixed. The Lyapunov exponent is calculated to identify chaos. It is indicated that the periodic, quasi-periodic and chaotic motions occur in the transverse vibrations of the axially accelerating viscoelastic beam.

Key words：axially moving beam，viscoelaticity，partial differential equation，nonlinear vibration，averaging method，method of multiple scales，Galerkin method，numerical method，bifurcation，chaos

目 录

第一章 前 言

1.1 研究背景及意义

动力传送带、磁带、纸带、纺织纤维、带锯、空中缆车索道、高楼升降机缆绳、单索架空索道等多种工程系统元件，均可模型化为轴向运动连续体如图 1－1. 轴向运动连续体横向振动及其控制的研究有着重要的应用价值. 例如，带锯中锯条的横向振动将影响切割质量并加剧锯的磨损. 又例如，汽车发动机的平带驱动系统中带的振动将产生噪声和影响发动机运转的平稳和可靠. 同时，轴向运动连续体作为典型陀螺连续系统，其由于陀螺项的存在也对振动的分析和控制提出了若干重要的理论问题.

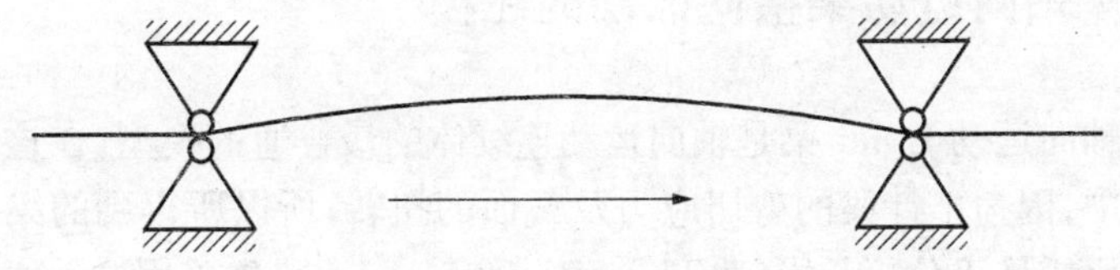

图 1－1 运动梁示意图

目前研究较多的轴向运动连续体主要是弦线和梁. 虽然弦线和梁同属一维连续体，但两者仍有若干实质性区别. 就力学模型而言，弦线不具有抗弯刚度，必须承受充分大的轴向拉力，静平衡位形为直线；梁具有抗弯刚度，可以承受轴向拉力或压力，静平衡位形可能是直线或曲线. 就数学模型而言，两者有相同的惯性项和陀螺项，但刚度项不同，而且弦线数学模型中必须考虑非线性项才能反映材料的本构关系. 因此，在具有陀螺连续体共性的同时，与轴向运动弦线相比，轴向运动梁的研究存在具有特性的问题.例如，轴向运动屈曲梁的振动，更类似于轴向运动绳索（不具有抗弯刚度且轴向力较小而具有下垂的1维连续体）而不是轴向运动弦线.又例如，一端自由另一端在固定滑道中滑动是一类具有工程重要性的变长度轴向运动梁问题，但轴向运动弦线不存在相应的问题.轴向运动梁的建模必须考虑更多的因素，如梁截面的转动效应；同时，梁的数学模型的复杂性也给横向振动的分析和控制带来技术上的困难，例如，线性轴向运动梁的固有频率和复模态函数必须借助数值方法得到，为在线性模态解基础上的近似解析分析和Galerkin截断增加了困难.

尽管对轴向运动连续体的研究历史可以上溯到1885年Aiken的实验观测和分析[1]，但相关研究受到广泛关注并成为活跃的领域开始于20世纪后半叶.一系列优秀的综述反映了不同时期的研究进展[2-8].陈立群已综述了轴向运动弦线的横向振动及其控制的工作[9-11]，而相关的绳索的非线性动力学建模和分析系统的综述可见[12-15].

1.2 轴向运动梁横向振动的建模

轴向运动Euler梁是轴向运动连续体的最普通的模型，在这种梁模型中，因为不计梁的剪切应力及截面的扭转，所以所得到的梁控制方程比较易于分析与求解.Thurman和Mote[16]最先采用这种两端铰支Euler梁的模型分析了轴向运动梁的自由振动得到梁的周期解.Koivurova和Salonen[17]描述了两种利用Euler梁为轴向运动梁建立控制方程的方法，一种是只计梁上某点的位移，它只与梁的轴向坐标及时间有关，这是一种纯粹的Euler梁，另一种方法是考察梁某点的位移，它与梁的运动情况有关，采用Lagrange应变，这种模型也称为Euler-Lagrange模型.早期的文献[18,19]采用第一种模型，而Mote[20]及后来的研究者则采用第二种模型.Simpson[21]则研究了未受轴向张紧力的两端固支Euler梁的固有频率及模态.

如果考虑梁的剪应力及截面的扭转，则梁的模型为 Timoshenko 模型. Chonan 分析了 Timoshenko[22] 梁受横向力时的稳态响应问题，而 Wu 和 Mote[23] 则研究了当横向力有周期变化时梁的动态特性.

Han, Benaroya 和 Wei[24] 比较了不同的支承条件下四种梁模型的差异. 考虑各种影响因素，则会得到不同的梁模型，四种梁模型的描述如表 1－1 所示. 通过分析比较可知，这四种梁模型中，Timoshenko 梁的考虑最为周全，其精确度也最高，同时计算也最复杂；Euler 模型的精度最差，但控制方程最为简单；当只考虑低阶情况时，则四种模型的结果都可以接受. 虽然四种梁模型的比较以静止梁为例，并没有考虑梁轴向速度的影响，但其结果对于运动梁的研究也有一定的参考价值.

表 1－1　四种梁模型的比较

梁 模 型	扭　矩	横向变形	剪应力	截面转角
Euler	√	√	×	×
Rayleigh	√	√	×	√
Shear	√	√	√	×
Timoshenko	√	√	√	√

1.3　轴向运动梁问题的研究现状

考虑两端支承的运动 Euler 梁，不失一般性，设它的横向振动发生在平面之内，且轴向速度为常数，不考虑因横向振动而造成梁的轴向伸长（小变形），则可以得到轴向运动梁横向振动的线性方程，

$$M\ddot{x} + G\dot{x} + Kx = 0 \tag{1-1}$$

其中，M, G 和 K 为线性微分算子.

系统（1－1）式的固有频率与轴向速度及梁的刚度有直接关系. 当

速度增大时，运动梁的各阶固有频率减小，当达到某一临界值时，梁的第一阶固有频率消失. Mote[25]用 Galerkin 截断法求得了这种情况下两端铰支梁的固有频率，当速度远小于临界值时，算例数值结果有：采用一阶 Galerkin 截断误差为 21.4%，当采用二阶 Galerkin 截断时误差为 2.1%，而当采用四阶 Galerkin 截断时误差仅为 0.3%，随着速度的增大，计算误差会有所增大. 他的结果由 Mote 及 Naguleswaran 的实验中得到证实[26].

Wickert 和 Mote[27]发展了适用于陀螺连续体的复模态分析方法[28,29]，基于正交的模态函数导出了轴向运动梁对任意初始条件和激励的响应，得到在简支的边界条件下计算了固有频率和模态函数的方法. Simpson[21]利用本征值方法究了轴向运动梁在固定边界条件下的固有频率和模态函数，但他没有考虑轴向初始张力. 陈立群和李晓军[30]用 Wickert 的复模态分析方法计算得到两端固支张紧运动梁的固有频率及模态函数. 对于轴向运动梁的固有频率及轴向速度的影响问题，除以上提到的 Galerkin 截断法及复模态分析方法之外，还可以利用 Ritz 离散化方法[31]，有限元算法[32]或者利用人工神经网络的思想[33]. Öz 和 Pakdemirli[34]以及 Öz[35]经过较复杂计算分别得到了两端铰支及两端固支情况的第 n 阶模态的显式解，为运动梁进一步的分析做好了准备.

对于(1-1)式，它的稳定性由本征值所决定，在运动梁问题中，轴向速度是影响本征值的主要参数，分析系统稳定性就要讨论本征值的岔问题. Renshaw 和 Mote[36]通过分析本征值，研究了系统在临界值附近解的稳定性情况. Seyranian 和 Kliem[37]以及 Al-jawi，Pierre 和 Ulsoy[38]把摄动法引入本征值，研究了(1-1)式在稳定边界的分岔问题并给出系统稳定及失稳的判断方法. Parker[39]则分析了更为一般陀螺系统，用摄动方法分析这种静态问题，而把轴向运动梁作为这种方法的例子. Al-jawi[40,41]等用 Galerkin 截断方法分析了运动梁的本征值问题，并用实验加以验证. Wang 和 Liu[42]也用 Galerkin 离散化，研究了轴向运动梁随轴向速度增大而在临界点出现的叉式分岔现象. Theodore[43]等用假设模态方法对控制方程做离散化，利用 Lyapunov 方法分析系统的稳定性. Riedel 和 Tan[44]对控制方程做 Laplace 变换，在频域范围内分析系统动态特性，指出轴向张力使得运动梁临界值增大. Öz, Pakdemirli 和 Özkaya[45]则用多尺度法研究了当刚度为小量时，由弦线的理论基础分析梁的固有频率问题. Hwang 和 Perkins[46-48]用数值、分析及实验等方法分析了运动梁临界及超临界情况下的振动特性.

对于以上分岔问题，人们往往考虑轴向运动梁的非线性振动特性. 其控制方程表达如下

$$M\ddot{x} + G\dot{x} + Kx = N(x, \dot{x}) \tag{1-2}$$

其中 N 表示非线性项.

Thurman 和 Mote[16]把 Liu[49]提出的在常微分方程中用 Lindstedt 方法消除长期项的理论扩展到偏微分方程，分析了非线性项对固有频率的影响. Wickert[50]利用 Krylov-Bogoliubov-Mitropolsky(KBM)方法，研究了非线性项在轴运动梁亚临界及超临界范围内的影响，讨论了由于非线性固有频率对振幅的依赖，发现非线性因素对梁振动的影响在临界值附近时异常明显. 为了验证摄动法的正确性，Moon 和 Wickert[51]利用激光干涉仪研究了高速传送带在临界值附近的振动特性，发现了跳跃和滞后等非线性现象. Wickert[52]及 Chakraborty[53-55]等用模态摄动方法分析弱非线性对振动固有频率的影响. Chakraborty 和 Mallik[56]在求解轴向运动梁的固有频率时利用了波传动的“相位闭合”方法，即当波在运动梁上传播反射在一端出现相位与出发时相位相抵时，这个波的频率就是梁的某阶固有频率. 他们研究了非线性影响下梁的模态. 它们还利用所得到的非线性模态分析了轴向运动梁强迫振动的响应[57]，并与 Galerkin 方法所得结果进行了比较. Pellicano 和 Zirilli[58]以及 Pakdemirli 和 Özkaya[59]研究了小刚度弱非线性的轴向运动梁，他们利用 Lindstedt-Poicare 摄动法分析了频率及振幅的变化，并提出这类

问题中的边界层理论. Öz[60] 等把多尺度法直接应用于运动梁的非线性控制方程,利用两端铰支梁的振动幅模态,得到受非线性影响的各阶固有频率.

在非线性问题的研究中,Galerkin 截断法是一种比较常用的方法. 利用它可以把偏微分方程离散而得到常微分方程,只要取合适的模态函数,这种方法行之简单而有效. 对于两端铰支的运动梁,取静止梁的模态函数即正弦序列是不错的选择,因为同样它满足静止梁的边界条件. 对于两端固支运动梁的模态函数的选取,因为静止梁的模态函数也较复杂,所以 Galerkin 方法的使用受到一定的限制. Ravindra 和 Zhu[61] 把 Galerkin 的一阶截断应用于加速度的轴向运动梁非线性方程,得到受参数激励的 Duffing 振子,在临界速度附近发现叉式发岔,通过数值计算发现了倍周期分岔到达混沌和间歇混沌的现象,并用 Melnikov 方法证明了混沌的存在. Parker[62] 以及 Parker 和 Lin[63] 用一阶的 Galerkin 截断方法得到离散的常微分方程,然后用摄动法分析了非线性项及速度或梁轴向应力扰动的影响. Pellicano[64] 等用实验方法研究了带有偏心轮的传送带的稳定性问题,并用 Galerkin 方法分析控制方程,以确定实验中作用因素. Marynowski 和 Kapitaniak[65] 及 Marynowski[66] 利用三阶的 Galerkin 截断法并利用数值方法,分析了非线性振动临界及超临界的振动特性及分岔,并研究了超临界系统的吸引域. Wang 和 Mote[67,68] 用 Galerkin 截断法分析了带-轮系统的模态及响应问题,并用实验方法给出验证. Kim 和 Lee[69] 研究了带驱动系统的线性化方程,利用 Galerkin 及数值方法计算固有频率及系统的受迫振动.

如果考虑运动梁的某些参数(如轴向速度、应力等)受到微小扰动,则系统则可能发生参数共振现象. 这时控制方程如下

$$M\ddot{x} + G\dot{x} + Kx = \sum \varepsilon P_i(x, \dot{x})\sin(\Omega_i t) \qquad (1-3)$$

对于(1-3)式,摄动法是解决它的一条主要途径. Yang[70] 和 Chen 及 Chen[71] 等用二阶 Galerkin 方法分别讨论了速度小扰动时两

端铰支及两端固支轴向运动梁的共振稳定性问题，在扰动频率-扰动振幅图上发现了因谐波共振及和式组合共振而引发的失稳区域，并研究了各种参数，如轴向速度、梁刚度及粘弹性阻尼等对共振失稳区域的影响. Zajaczkowski 和 Lipinski[72] 以及 Zajaczkowski 和 Yamada[73]运动梁长度周期变化情况下的梁横向振动. Asokanthan 和 Ariartnam[74] 研究了轴向张力受扰动的运动梁振动情况. Öz 和 Pakdemirli[75] 及 Öz[76] 利用直接多尺度法分别分析了两端铰支和两端固支两种不同支承条件下因速度扰动而引发的共振问题，并考虑了轴向平均速度对失稳区域的影响. 实际上，连续体为无穷维系统，由于非线性的存在，当某两阶固有频率成一定比例时，这几个模态的相互影响就变的不容忽视而可能发生内共振现象[77,78]. Lee 和 Perkins[79]研究了悬索振动与摆动固有频率 2∶1 的内共振情况. Riedel 和 Tan 利用 Galerkin[80] 截断然后对结果用多尺度法研究了前两阶固有频率之比为 1∶3 时轴向运动带的内共振情况，发现了鞍节分岔及 Hopf 分岔等分岔现象.

一般情况下，轴向运动梁是一种有参数激励的非线性振动模型，包含了(1-2)及(1-3)式中的所有情况，其控制方程为

$$M\ddot{x}+G\dot{x}+Kx=\sum \varepsilon P_i(x,\ \dot{x})\sin(\Omega_i t)+\varepsilon N(x,\ \dot{x}) \tag{1-4}$$

这种控制方程的解，当接近共振存在稳态响应解，振幅与激励频率有关. Tan 和 Chung[81] 及 Yang 和 Tan[82] 利用传递函数分析了这种幅频响应的特性. Yue[83,84] 用数值方法及实验方法研究了参数共振的响应问题. Takikonda 和 Baruh[85] 用数值方法研究了轴向运动梁长度周期变化而产生的振动响应. Chen 和 Yang[86] 把多时间尺度法应用于偏微分控制方程，分析了两种不同非线性项的粘弹性加速运动梁的共振响应. Zhang 和 Zu[87] 利用直接多尺度法研究了驱动带自激振动响应，并利用数值方法得到共振响应的存在条件及粘弹性的影响. Yang 和 Chen[88] 利用二阶 Galerkin 截断法，得到离散的带有阻尼

项的非线性常微分方程,利用四阶 Runge-Kutta 数值方法分析了梁横向振动随轴向速度、速度扰动振幅及粘弹性等参数的分岔行为.

对于系统的非线性受迫振动,往往会有跳跃现象的产生[89]. Zhang 和 Zu[90]利用多尺度法分析了轴向运动带的在亚临界条件下的弱受迫振动及响应. Pellicano 和 Vestroni[91]用 Galerkin 截断法方法及数值方法分析了运动梁超临界状态的强受迫振动,梁的高速运动引发了梁横向振动的混沌现象.

考虑到不同的工程实际情况,轴向运动梁往往还存在耦合问题. Stylianou 和 Tabarrok[32,92]用有限元方法考虑了在梁上运动的质量块的影响,研究了梁振动稳定性. Fung[93]用 Hamilton 原理得到了一端配有质量块的梁振动的控制方程. Kang[94,95]用 Galerkinw 截断方法分析了集中质量对固有频率的影响. Öz[96]用二阶精度的摄动法研究了粘连在梁上的质量块对匀速运动梁振动特性的影响,发现质量块使的梁固有频率减小,而振动振幅则没有受到影响. Tan 等[97,98]分析了运动梁与液压支承反馈力耦合问题. Sugirnoto[99]等则考虑了空气动力载荷,得到梁振动的非线性波动方程. Adams 和 Manor[100]以及 Manor 和 Adams[101]分别研究了在台阶和挖槽两种不连续曲面上的无限长轴向运动梁,发现在低轴向速度时,Euler 梁和 Timoshenko 梁两种模型均给出接近的稳态响应. Adams[102]用平面弹性理论研究了类似的问题.

在轴向运动物体的振动特性分析时,能量方法因其简单直观也得到了较多的应用. Wickert 和 Mote[103]以及 Mote 和 Wu[104]研究了能量随着轴向运动系统流动的情况. Rnshaw 等[105]提出了轴向运动系统的能量泛函并分析了它的变化. Zhu 和 Ni[106]以及 Zhu[107]分析了变边界,即变长度梁的能量变化问题并提出控制方法. Kwon 和 Ih[108]分析了带有张紧轮或惰轮的轮带系统中能量的转移问题,并用实验验证了分析结果.

为了解决梁振动及失稳的问题,众多学者提出了有效的解决方案. Hattori 等[109]用在运动梁上施加反馈力的方法来减小横向位移.

Takikonda 和 Baruh[110]也用类似的方法来控制变长度轴向运动梁的振动. Yang[111]在运动梁上安装多个传感器及激励器利用速度反馈直接控制陀螺系统的各阶模态的振动. Fung 等[112]在运动梁的一个边界端加装弹簧质量系统控制梁的横向振动. Lee 和 Mote[113]及 Zhu[114]等利用在梁运动边界上加阻尼的原理对梁振动做控制.

根据以上文献的分析，我们可以总结梁的横向振动问题如表 1－2 所示.

表 1－2　梁横向振动问题的研究方法

研究对象	研究方法
两端支承静止梁	分离变量法，模态分析法
两端静止运动梁(匀速，线性)	复模态分析法，频域方法，波传播方法
弱非线性轴向运动梁	离散摄动法，直接摄动法
带有(速度，长度)小扰动的轴向运动梁	多尺度法，平均法
强非线性控制方程	离散数值法，有限差分法

1.4　主要工作

以上文献中，人们往往假设梁的材料为线弹性材料，这给计算分析带来方便，但在实际上，某些金属陶瓷及化合复合材料往往是带有粘弹性的. 分析证明，这种粘弹性阻尼的耗散作用在运动梁的振动特性中起着重要的作用. 本文中的材料将假设为有如下粘弹性的应力应变关系

$$\sigma = E\varepsilon + \eta \frac{\partial \varepsilon}{\partial T} \tag{1-5}$$

这种粘弹性阻尼的存在对运动梁振动的幅频响应、受迫振动以及受激励运动梁的稳定性有非常大的作用.

轴向运动梁控制方程中的非线性项是因为梁的大变形所引起的,梁的弯曲变形引起轴向应力的变化,这种非线性项即所谓几何非线性. Wicket[50]提出准应力假设,认为因梁弯曲变形而引起的应力变化,沿梁的轴向近似均匀分布,应力取梁应力的一个平均值,得到了轴向运动梁非线性振动的积分-偏微分方程. 在本文中,我们分析梁上微单元的受力情况,利用牛顿第二定律得到梁非线性振动的偏微分方程,在这种非线性模型,梁的轴向应力在梁的整个轴是不再是一个静态值,而是与轴向坐标有关的一个变量.

对于带有小扰动的轴向运动梁的非线性振动,摄动法是解决问题的有效途径. 由于连续介质为无穷维的系统,对其离散必造成误差. 传统的对离散化方程做摄动法有一定的局限性. 本文中,将要利用直接多尺度法来分析轴向运动梁的振动问题,把多尺度法直接应用于梁的控制偏微分方程,然后根据可解性条件求解. 由过去的研究中,一般认为这种方法对解决连续介质问题精确性较高[115-118]. 利用多尺度法,我们对带有参数激励及外激励的轴向梁非线性振动的幅频响应做出了详细的分析. 研究了谐波共振及组合共振时的分岔行为和稳定性以及受迫共振的跳跃现象和稳定性问题对跳跃的影响. 对于线性系统的小扰动情况,我们用平均法分析了共振所引发的失稳现象,讨论了多种参数(轴向速度,刚度,阻尼)对失稳区域的影响.

多尺度方法是解决微分方程有效的方法,人们往往用一阶精确度来讨论问题的解. 我们用二阶多尺度方法发现了,梁粘弹性阻尼对梁固有频率的影响,用一阶多尺度方法是无法得到这种结果的.

以前文献所假设的边界条件,多认为运动两端为铰支或固支,而实际上,这种假设过于理想化. 本文中,我们将研究一种新的边界条件,即两端带有扭转弹簧的铰支支承条件,这种边界条件更符合工程实际中的真实情况. 可以证明,铰支边界假设低估了梁的固有频率,而固定支承计算所得固有频率结果值偏大.

Galerkin 截断方法常常用于求解偏微分方程,本文中我们将讨论 Galerkin 方法在轴向运动梁控制方程中应用的可行性,比较选择不同的模态函数对 Galerkin 方法的影响. 对利用四阶 Galerkin 方法得到的离散化的方程,我们用 Runge-Kutta 数值方法分析其动力学特性. 用相平面图,Poincare 应映等方法分析加速轴向运动梁横向振动随速度、阻尼及扰动振幅等参数的分岔情况,用 Lyapunov 指数判断振动的混沌特性.

1.5 本文的主要内容

本文的主要内容由以下几个方面组成:

1. 基于对轴向运动梁微元段的分析,得到梁的横向振动的运动控制方程. 由于梁的横向振动变形,造成梁轴向的伸长,从而产生梁轴向的应力变化,这个应力在整个梁上分布并不为常数,且随时间变化. 考虑因为轴向应力的这种变化,引入梁横向振动的非线性项,并与 Wickert 所提出梁应力在整个梁上应力均匀分布假设所得的结果比较.

2. 在以往对梁问题的研究中,人们往往只考虑两种边界条件,即两端铰支梁或者两端固支梁,本文中,对于轴向运动梁引入两端带有扭转弹簧铰支的支承方案,这种边界条件更贴近工程实际. 文中还介绍了这几种边界条件对轴向运动梁振动的影响,及相互的关系.

3. 分别用平均法和多尺度法分析了轴向运动速度带有周期扰动的加速运动梁的共振失稳问题,讨论了当速度扰动频率为固有频率 2 倍或者为两固有频率之和时所发生的次谐波共振及组合共振所导致的失稳,分析了在速度扰动频率-速度扰动振幅图上的失稳区域分别受轴向平均速度、梁的刚度及粘弹性阻尼等因素的影响情况. 在计算过程中,没有发现差式组合共振情况.

4. 把直接多尺度法应用于轴向运动梁的偏微分控制方程,得到由于非线性项及速度扰动所引起的在次谐波用组合共振附近的幅频响应,分析慢变振幅的线性化方程,讨论了响应曲线的稳定性问题,并详细研究了各种参数,如轴向速度、扰动振幅、粘弹性系数及不同非线性项对幅频响应的影响.

5. 研究由于地基振动而引起的轴向运动梁的受迫振动情况,分析了由于非线性项而产生的在共振附近的跳跃现象,给出稳定性的判据,利用对稳定性的分析,分析了产生跳跃现象的原因,并提出消除失稳及跳跃现象的方法.

6. 对高速运动且带有强非线性的轴向运动梁,摄动方法不再适用. 我们将采用 Galerkin 方法及数值方法,分析此种情况下轴向运动梁的横向运动特性随各种参数的分岔现象. 在某些情况下振动出现混沌,利用相平面图和 Lyapunov 指数等方法判断梁振动的混沌的存在;利用 Poincare 映射得到了倍周期分岔及间歇混沌两种通向混沌的道路.

第二章　轴向运动梁的动力学模型

2.1　前言

连续系统是具有连续分布的质量以及分布弹性的系统，它有无限多个自由度，其动力学控制方程为偏微分方程. 本章分析轴向运动梁上小微元段的受力情况，利用牛顿第二定律得到它的带有陀螺项的双曲型偏微分控制方程. 考察梁的弯曲变形引起的应力变化而引入偏微分形式三次非线性项，并与 Wickert 利用准静态应力假设所得到的积分-微分非线性项相比较. 在建模中，我们还考虑了材料的粘弹性，而不仅仅是弹性材料.

为了使轴向运动梁的分析更接近工程实际的真实情况，我们引入了新的边界条件，即两端带有扭转弹簧铰支的支承方式.

本章得到三种不同支承条件下的控制方程及其边界条件方程是以后各章节应用的基础.

2.2　由梁微单元分析运动梁控制方程

运动梁沿着 X 方向作变速运动. 设其平衡位置为 X 轴，在两端的滚动支座的横向位移为 0. 梁以速度 $\Gamma(T)$ 沿 X 向运动，其长度为 L，密度为 ρ，截面积为 A，其弹性模量为 E，惯性矩为 I，两端有初始拉力 P.（如图 2-1 所示）

只考虑梁在平面内的 U 向位移，分析梁上长度为 $\mathrm{d}X$ 的某微元段的受力及加速度，如图 2-2 及图 2-3 所示.

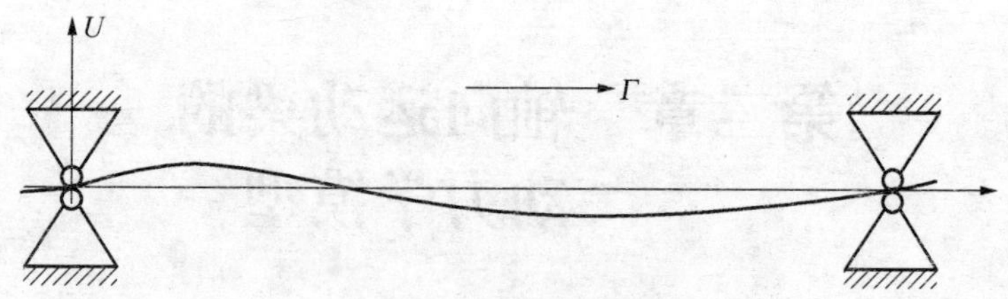

图 2-1　轴向运动梁示意图

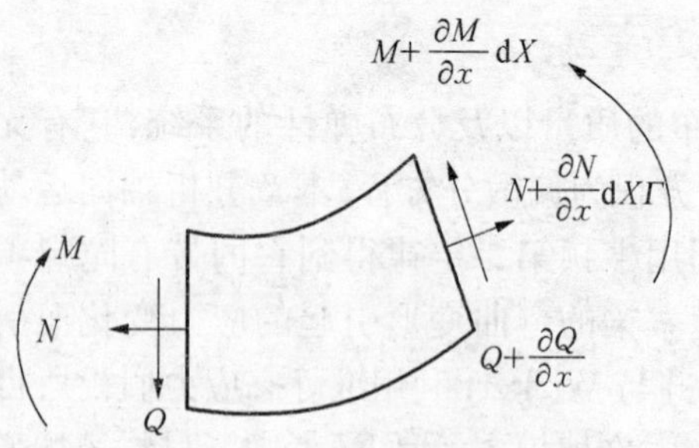

图 2-2　梁单元的受力

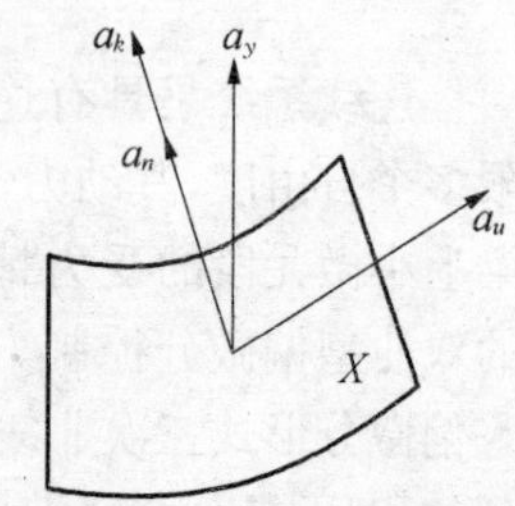

图 2-3　梁单元的加速度

其中各符号的定义如下：

M 表示力矩，N 表示拉力，Q 表示剪力. $a_u=\rho A\dfrac{\partial\Gamma}{\partial T}\mathrm{d}X$ 为轴向加速度；$a_y=\rho A\dfrac{\partial^2 U}{\partial T^2}\mathrm{d}X$ 为截向加速度；$a_n=\rho A\Gamma^2\dfrac{\partial^2 U}{\partial X^2}\mathrm{d}X$ 为向心加速度；$a_k=2\rho A\Gamma\dfrac{\partial^2 U}{\partial X\partial T}\mathrm{d}X$ 为科氏加速度，T 为时间坐标.

设梁微元段因为变形而弯曲，与 X 轴的角度为 θ，设轴的弯曲变形为小变形，则 θ 也较小，所以有

$$\cos\theta=1,\ \sin\theta=\frac{\partial U}{\partial X} \tag{2-1}$$

根据达郎伯原理，分析梁微元段横向的平衡方程，并利用(2-1)式得到

$$\frac{\partial Q}{\partial X}\mathrm{d}X-\rho A\left(\frac{\partial^2 U}{\partial T^2}+2\Gamma\frac{\partial^2 U}{\partial X\partial T}+\Gamma^2\frac{\partial^2 U}{\partial X^2}\right)\mathrm{d}X+ \\ N\frac{\partial U}{\partial X}+\frac{\partial N}{\partial X}\frac{\partial U}{\partial X}\mathrm{d}X-\rho A\frac{\partial \Gamma}{\partial T}\frac{\partial U}{\partial X}\mathrm{d}X=0 \tag{2-2}$$

根据梁微元段的力矩平衡，得到

$$Q=-\frac{\partial M}{\partial X} \tag{2-3}$$

把(2-3)式代入(2-2)，两端同除以 $\mathrm{d}X$，得到

$$\frac{\partial^2 M}{\partial X^2}-\rho A\left(\frac{\partial^2 U}{\partial T^2}+2\Gamma\frac{\partial^2 U}{\partial X\partial T}+\Gamma^2\frac{\partial^2 U}{\partial X^2}\right)+ \\ N\frac{\partial^2 U}{\partial X^2}+\frac{\partial N}{\partial X}\frac{\partial U}{\partial X}-\rho A\frac{\partial \Gamma}{\partial T}\frac{\partial U}{\partial X}=0 \tag{2-4}$$

为了方便表达，把上式表示为

$$M_{,XX}-\rho A(U_{,XX}+2\Gamma U_{,XT}+\Gamma^2 U_{,XX})+ \\ (NU_{,X})_{,X}-\rho A\Gamma_{,X}U_{,X}=0 \tag{2-5}$$

在上式中，所有下角标表示对下角标变量的求导.

下面我们分析轴向力 N 的情况. 由于梁变形的影响，梁的轴向力不再是梁的初始应力 P，还会多出一项由于梁横向位移导致梁轴向伸长而引起的附加力.

$$N=P+\sigma A \tag{2-6}$$

设梁的材料为粘弹性，应力应变关系满足 Kelvin-Voigt 关系

$$\sigma=E\varepsilon+\eta\varepsilon_{,T} \tag{2-7}$$

同时，根据 Kelvin-Voigt 关系，有

$$M=EIU_{,XXXX}+\eta IU_{,XXXXT} \tag{2-8}$$

其中，由于轴伸长而引发的应变 ε，如图 2-4 所示，在一微元段上，伸

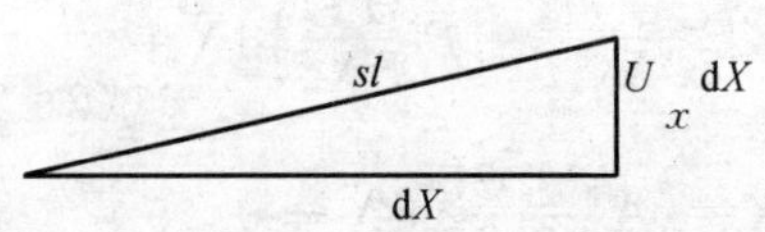

图 2-4 梁上一微元段的变形

长量为 $(\sqrt{1+(U_{,X})^2}-1)\mathrm{d}X$，所以其应变可以近似为

$$\varepsilon=\frac{1}{2}U_{,X}^{2} \tag{2-9}$$

把(2-9)代入(2-7)式，然后把结果代入(2-6)，得到沿 X 轴变化的轴向为

$$N=P+\frac{1}{2}EAU_{,X}^{2}+\eta AU_{,X}U_{,XT} \tag{2-10}$$

把(2-8)式，(2-10)式代入(2-5)式，得到

$$\rho A(U_{,XX}+2\Gamma U_{,XT}+\Gamma_{,X}U_{,X}+\Gamma^{2}U_{,XX})-PU_{,XX}+$$

$$EIU_{XXXX}+\eta IU_{XXXXT}+\frac{3}{2}EAU_{,X}^{2}U_{,XX}+$$

$$2\eta AU_{,X}U_{,XT}U_{,XX}+\eta AU_{,XX}^{2}U_{,XXT}=0 \tag{2-11}$$

2.3 Wickert 的弹性梁简化模型

Wickert 认为附加的应力沿梁的轴向变化较小，提出所谓准静态假设，即 σ 取沿运动梁在支承之间长度上的平均值，

$$\varepsilon=\frac{1}{L}\int_{0}^{L}\frac{1}{2}U_{,X}^{2}\mathrm{d}X \tag{2-12}$$

材料设为完全弹性材料，有

$$\sigma=E\varepsilon \tag{2-13}$$

及

$$M=EIU_{,XXXX} \tag{2-14}$$

把(2-12)代入(2-13)并把结果代入(2-6)，这样得到 N 沿 X

轴向不做变化，而是一个只与时间 T 有关的函数

$$N = P + \frac{EA}{L}\int_0^L \frac{1}{2}U_{,X}^2 \mathrm{d}X \tag{2-15}$$

把(2-14)和(2-15)式代入(2-5)式，得到 Wickert 弹性运动梁准静态假设下的控制微分方程

$$\rho A(U_{,XX} + 2\Gamma U_{,XT} + \Gamma_{,X} U_{,X} + \Gamma^2 U_{,XX}) - PU_{,XX} + EIU_{XXXX} + \frac{1}{2}EA\int_0^L U_{,X}^2 U_{,XX}\mathrm{d}X = 0 \tag{2-16}$$

2.4 边界条件

本节研究两端支承运动梁的边界条件问题. 对于轴向运动梁，其边界条件往往简化为两端铰支或者两端固支的情况(图 2-5,2-6).

图 2-5 两端铰支支承条件　　　图 2-6 两端固支支承条件

对于两端铰支情况，在两个支承点 $X = 0$ 及 $X = L$ 处，梁的横向位移及所受力矩为 0，

$$U(0, T) = U(L, T) = 0;\ U_{,XX}(0, T) = U_{,XX}(L, T) = 0 \tag{2-17}$$

对于两端固支情况，在两个支承点 $X = 0$ 及 $X = L$ 处，梁的横向位移及转角为 0，

$$U(0, T) = U(L, T) = 0;\ U_{,X}(0, T) = U_{,X}(L, T) = 0 \tag{2-18}$$

更一般情况，运动梁两端的支承不是理想的铰支或者固支支承，为了使支承条件与实际情况更加接近，我们可以利用带有扭转弹簧的铰支支承，如图 2－7所示. 很明显，它是一种介于两端铰支与两端固支两种情况之间的一种支承形式. 若设支承两端的扭转弹簧弹性系数为 K，则根据两个端点处运动梁的横向位移为 0 且由力矩平衡，边界条件需满足

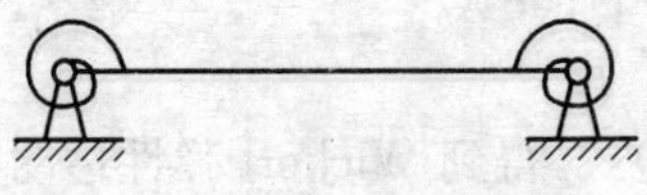

图 2－7　带有扭转弹簧的两端铰支支承条件

$$
\begin{aligned}
&U(0,\ T)=U(L,\ T)=0,\\
&EI\frac{\partial^2 U(0,\ T)}{\partial X^2}-K\frac{\partial U(0,\ T)}{\partial X}\\
&\quad =EI\frac{\partial^2 U(L,\ T)}{\partial X^2}+K\frac{\partial U(L,\ T)}{\partial X}=0
\end{aligned}
\tag{2-19}
$$

这种带有扭转弹簧的铰支边界条件，调整扭转弹簧弹性系数的大小，能够模拟工程实际上很多的约束条件. 由(2－19)，当 $K=0$ 时，边界条件退化为两端铰支的边界条件，而当 $K\to\infty$ 时，则退化为两端固支的边界条件.

2.5　控制方程及边界条件的无量纲化

为了便于分析，我们把梁横向运动的控制方程及边界条件做无量纲化处理. 引入

$$
u=\frac{U}{L},\ x=\frac{X}{L},\ t=T\sqrt{\frac{P}{\rho AL^2}},\ \gamma=\Gamma\sqrt{\frac{\rho A}{P}},\ v_f^2=\frac{EI}{PL^2},
$$

$$
k=\frac{K}{PL},\ \alpha=\frac{I\eta}{L^3\sqrt{\rho AP}},\ k_1=\sqrt{\frac{EA}{P_0}},\ k_2=\frac{L^3}{I}
\tag{2-20}
$$

利用上述无量纲化变量，控制方程(2-11)，(2-16)以及三种满足边界条件的方程(2-17)，(2-18)，(2-19)化为无量化的形式. 粘弹性梁的控制方程为

$$\frac{\partial^2 u}{\partial t^2}+2\gamma\frac{\partial^2 u}{\partial x\partial t}+\frac{\mathrm{d}\gamma}{\mathrm{d}t}\frac{\partial u}{\partial x}+(\gamma^2-1)\frac{\partial^2 u}{\partial x^2}+v_f^2\frac{\partial^4 u}{\partial x^4}+\alpha\frac{\partial^5 u}{\partial x^4\partial t}$$
$$=\frac{3}{2}k_1^2\frac{\partial^2 u}{\partial x^2}\left(\frac{\partial u}{\partial x}\right)^2+\alpha k_2\left[2\frac{\partial u}{\partial x}\frac{\partial^2 u}{\partial x\partial t}\frac{\partial^2 u}{\partial x^2}+\left(\frac{\partial u}{\partial x}\right)^2\frac{\partial^3 u}{\partial x^2\partial t}\right] \tag{2-21}$$

Wickert 的准静态假设弹性梁控制方程为

$$\frac{\partial^2 u}{\partial t^2}+2\gamma\frac{\partial^2 u}{\partial x\partial t}+\frac{\mathrm{d}\gamma}{\mathrm{d}t}\frac{\partial u}{\partial x}+(\gamma^2-1)\frac{\partial^2 u}{\partial x^2}+$$
$$v_f^2\frac{\partial^4 u}{\partial x^4}+\alpha\frac{\partial^5 u}{\partial x^4\partial t}=\frac{1}{2}k_1^2\frac{\partial^2 u}{\partial x^2}\int_0^1\left(\frac{\partial u}{\partial x}\right)^2\mathrm{d}x \tag{2-22}$$

两端铰支的边界条件为

$$u(0,t)=u(1,t)=0,\ \frac{\partial^2 u(0,t)}{\partial x^2}=\frac{\partial^2 u(1,t)}{\partial x^2}=0 \tag{2-23}$$

两端固支的边界条件为

$$u(0,t)=u(1,t)=0,\ \frac{\partial u(0,t)}{\partial x}=\frac{\partial u(1,t)}{\partial x}=0 \tag{2-24}$$

两端带有扭转弹簧的铰支情况为

$$u(0,t)=u(1,t)=0,$$
$$\frac{\partial^2 u(0,t)}{\partial x^2}-k\frac{\partial u(0,t)}{\partial x}=\frac{\partial^2 u(1,t)}{\partial x^2}+k\frac{\partial u(1,t)}{\partial x}=0 \tag{2-25}$$

2.6 小结

本章分析轴向运动梁上小微元段的受力情况,利用牛顿第二定律得到它的带有陀螺项的偏微分控制方程.考察梁的弯曲变形引起的应力变化引入非线性项,并与 Wickert 利用准静态应力假设所得到的非线性项比较.在建模中,我们还考虑了材料的粘弹性,而不仅仅是弹性材料.为了使轴向运动梁的分析更接近工程实际的真实情况,我们还引入了新的边界条件,即两端带有扭转弹簧铰支的支承方式.利用本章所得到的非线性偏微分控制方程,我们将在以后的章节里,详细讨论轴向运动梁的振动特性.

第三章　振动模态及固有频率

3.1　前言

本章分析以均匀速度运动的轴向运动梁无阻尼线性振动的振动模态及固有频率，这一章对线性控制方程的分析也是摄动法应用的基础.

对于静止梁，我们可以用分离变量法很容易得到梁振动的各阶振动模态及固有频率，但是由于梁的轴向运动速度的存在，使得其振动控制方程中含有陀螺项，这给计算带来了一定的麻烦.

本章将结合复模态分析方法及数值方法，研究两端铰支，两端固支及两端带有弹簧铰支几种支承条件下，以常速度运动的无阻尼梁线性振动的振动模态及固有频率.

3.2　铰支边界条件下的振动模态及固有频率

由(2-21)或者(2-22)，不计阻尼项及非线性项，可以得到常速度轴向运动梁的线性振动控制方程为

$$\frac{\partial^2 u}{\partial t^2}+2\gamma\frac{\partial^2 u}{\partial x\partial t}+(\gamma^2-1)\frac{\partial^2 u}{\partial x^2}+v_f^2\frac{\partial^4 u}{\partial x^4}=0 \qquad (3-1)$$

两端铰支的边界条件为

$$u(0,\ t)=u(1,\ t)=0,\ \frac{\partial^2 u(0,\ t)}{\partial x^2}=\frac{\partial^2 u(1,\ t)}{\partial x^2}=0 \quad (3-2)$$

在解静止梁的偏微分方程中，分离变量法是一种有效的方法，受

此启发，为了解决轴向运动梁横向振动控制方程中混和项的问题，可以设它的模态函数表现为复数形式，(3-1)的解可以写做

$$u(x,t)=\phi_n(x)\mathrm{e}^{\mathrm{i}\omega_n t}+\bar{\phi}_n(x)\mathrm{e}^{-\mathrm{i}\omega_n t} \tag{3-3}$$

其中，ω_n，ϕ_n 分别表示轴向运动梁的第 n 固有频率和模态函数。把形式解(3-3)式代入控制方程(3-1)及边界条件(3-2)式中，化简得到

$$-\omega_n^2\phi_n+2\mathrm{i}\gamma\omega_n\phi'_n+(\gamma^2-1)\phi''_n+v_f^2\phi_n^{(4)}=0 \tag{3-4}$$

$$\phi_n(0)=0,\ \phi_n(1)=0,\ \varphi''_n(0)=0,\ \phi''_n(1)=0 \tag{3-5}$$

(3-4)式是四阶常微分方程，它的解可以写做如下的形式

$$\phi_n(x)=C_{1n}(\mathrm{e}^{\mathrm{i}\beta_{1n}x}+C_{2n}\mathrm{e}^{\mathrm{i}\beta_{2n}x}+C_{3n}\mathrm{e}^{\mathrm{i}\beta_{3n}x}+C_{4n}\mathrm{e}^{\mathrm{i}\beta_{4n}x}) \tag{3-6}$$

把(3-6)式代入边界条件，有

$$(1+C_{2n}+C_{3n}+C_{4n})C_{1n}=0 \tag{3-7a}$$

$$(\mathrm{e}^{\mathrm{i}\beta_{1n}}+\mathrm{e}^{\mathrm{i}\beta_{2n}}C_{2n}+\mathrm{e}^{\mathrm{i}\beta_{3n}}C_{3n}+\mathrm{e}^{\mathrm{i}\beta_{4n}}C_{4n})C_{1n}=0 \tag{3-7b}$$

$$(\beta_{1n}^2+\beta_{2n}^2C_{2n}+\beta_{3n}^2C_{3n}+\beta_{4n}^2C_{4n})C_{1n}=0 \tag{3-7c}$$

$$(\beta_{1n}^2\mathrm{e}^{\mathrm{i}\beta_{1n}}+\beta_{2n}^2\mathrm{e}^{\mathrm{i}\beta_{2n}}C_{2n}+\beta_{3n}^2\mathrm{e}^{\mathrm{i}\beta_{3n}}C_{3n}+\beta_{4n}^2\mathrm{e}^{\mathrm{i}\beta_{4n}}C_{4n})C_{1n}=0 \tag{3-7d}$$

以上四式可以写成矩阵的形式

$$\begin{pmatrix} 1 & 1 & 1 & 1 \\ \beta_{1n}^2 & \beta_{2n}^2 & \beta_{3n}^2 & \beta_{4n}^2 \\ \mathrm{e}^{\mathrm{i}\beta_{1n}} & \mathrm{e}^{\mathrm{i}\beta_{2n}} & \mathrm{e}^{\mathrm{i}\beta_{3n}} & \mathrm{e}^{\mathrm{i}\beta_{4n}} \\ \beta_{1n}^2\mathrm{e}^{\mathrm{i}\beta_{1n}} & \beta_{2n}^2\mathrm{e}^{\mathrm{i}\beta_{2n}} & \beta_{3n}^2\mathrm{e}^{\mathrm{i}\beta_{3n}} & \beta_{4n}^2\mathrm{e}^{\mathrm{i}\beta_{4n}} \end{pmatrix}\begin{pmatrix} 1 \\ C_{2n} \\ C_{3n} \\ C_{4n} \end{pmatrix}C_{1n}=0 \tag{3-8}$$

为了使原问题有非零解，则线性代数方程(3-9)的系数矩阵的行列式必须有零解，从而解出

$$[e^{i(\beta_{1n}+\beta_{2n})}+e^{i(\beta_{3n}+\beta_{4n})}](\beta_{1n}^2-\beta_{2n}^2)(\beta_{3n}^2-\beta_{4n}^2)+$$
$$[e^{i(\beta_{1n}+\beta_{3n})}+e^{i(\beta_{2n}+\beta_{4n})}](\beta_{3n}^2-\beta_{1n}^2)(\beta_{2n}^2-\beta_{4n}^2)+$$
$$[e^{i(\beta_{2n}+\beta_{3n})}+e^{i(\beta_{1n}+\beta_{4n})}](\beta_{2n}^2-\beta_{3n}^2)(\beta_{1n}^2-\beta_{4n}^2)=0 \tag{3-9}$$

由(3-8)及(3-9)可以解出(3-6)式的系数为

$$C_{2n}=-\frac{(\beta_{4n}^2-\beta_{1n}^2)(e^{i\beta_{3n}}-e^{i\beta_{1n}})}{(\beta_{4n}^2-\beta_{2n}^2)(e^{i\beta_{3n}}-e^{i\beta_{2n}})},$$
$$C_{3n}=-\frac{(\beta_{4n}^2-\beta_{1n}^2)(e^{i\beta_{2n}}-e^{i\beta_{1n}})}{(\beta_{4n}^2-\beta_{3n}^2)(e^{i\beta_{2n}}-e^{i\beta_{3n}})}$$
$$C_{4n}=-1+\frac{(\beta_{4n}^2-\beta_{1n}^2)(e^{i\beta_{3n}}-e^{i\beta_{1n}})}{(\beta_{4n}^2-\beta_{2n}^2)(e^{i\beta_{3n}}-e^{i\beta_{2n}})}+\frac{(\beta_{4n}^2-\beta_{1n}^2)(e^{i\beta_{2n}}-e^{i\beta_{1n}})}{(\beta_{4n}^2-\beta_{3n}^2)(e^{i\beta_{2n}}-e^{i\beta_{3n}})} \tag{3-10}$$

这样可以解得两端铰支的轴向运动梁的第 n 阶模态为

$$\phi_n(x)=c_1\Big\{e^{i\beta_{1n}x}-\frac{(\beta_{4n}^2-\beta_{1n}^2)(e^{i\beta_{3n}}-e^{i\beta_{1n}})}{(\beta_{4n}^2-\beta_{2n}^2)(e^{i\beta_{3n}}-e^{i\beta_{2n}})}e^{i\beta_{2n}x}-\frac{(\beta_{4n}^2-\beta_{1n}^2)(e^{i\beta_{2n}}-e^{i\beta_{1n}})}{(\beta_{4n}^2-\beta_{3n}^2)(e^{i\beta_{2n}}-e^{i\beta_{3n}})}e^{i\beta_{3n}x}+\Big(-1+\frac{(\beta_{4n}^2-\beta_{1n}^2)(e^{i\beta_{3n}}-e^{i\beta_{1n}})}{(\beta_{4n}^2-\beta_{2n}^2)(e^{i\beta_{3n}}-e^{i\beta_{2n}})}+\frac{(\beta_{4n}^2-\beta_{1n}^2)(e^{i\beta_{2n}}-e^{i\beta_{1n}})}{(\beta_{4n}^2-\beta_{3n}^2)(e^{i\beta_{2n}}-e^{i\beta_{3n}})}\Big)e^{i\beta_{4n}x}\Big\} \tag{3-11}$$

由(3-4)及(3-9)可以用数值方法解得轴向运动梁的第 n 阶的固有频率，图 3-1 及图 3-2 给出了几种不同无量纲化刚度时，前两阶固有频率随运动梁轴向运动速度的变化情况.

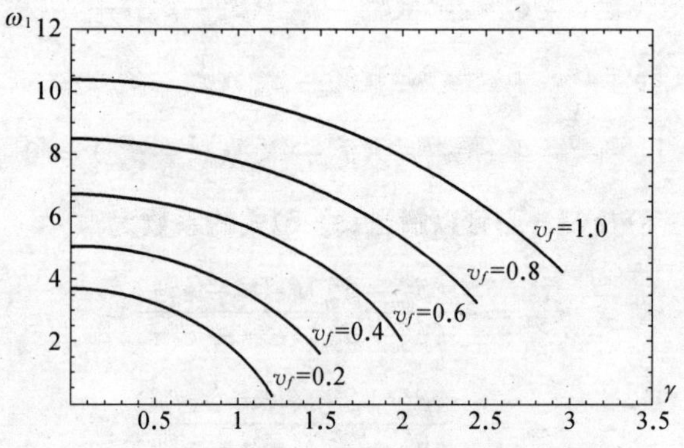

图 3－1　铰支支承条件第一阶自频率

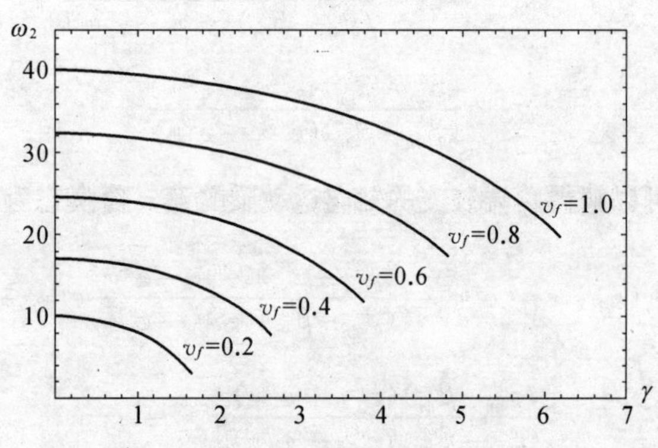

图 3－2　铰支支承条件第二阶自频率

3.3　固支边界条件下的振动模态及固有频率

两端铰支的固界条件为

$$u(0,\ t) = u(1,\ t) = 0,\ u'(0,\ t) = u'(0,\ t) = 0 \tag{3-12}$$

同样的设梁弯曲振动的模态函数为

$$\phi_n(x) = C_{1n}(\mathrm{e}^{\mathrm{i}\beta_{1n}x} + C_{2n}\mathrm{e}^{\mathrm{i}\beta_{2n}x} + C_{3n}\mathrm{e}^{\mathrm{i}\beta_{3n}x} + C_{4n}\mathrm{e}^{\mathrm{i}\beta_{4n}x}) \tag{3-13}$$

代入边界条件(3-12),有

$$(1 + C_{2n} + C_{3n} + C_{4n})C_{1n} = 0 \tag{3-14a}$$

$$(\mathrm{e}^{\mathrm{i}\beta_{1n}} + \mathrm{e}^{\mathrm{i}\beta_{2n}}C_{2n} + \mathrm{e}^{\mathrm{i}\beta_{3n}}C_{3n} + \mathrm{e}^{\mathrm{i}\beta_{4n}}C_{4n})C_{1n} = 0 \tag{3-14b}$$

$$(\beta_{1n} + \beta_{2n}C_{2n} + \beta_{3n}C_{3n} + \beta_{4n}C_{4n})C_{1n} = 0 \tag{3-14c}$$

$$(\beta_{1n}\mathrm{e}^{\mathrm{i}\beta_{1n}} + \beta_{2n}\mathrm{e}^{\mathrm{i}\beta_{2n}}C_{2n} + \beta_{3n}\mathrm{e}^{\mathrm{i}\beta_{3n}}C_{3n} + \beta_{4n}\mathrm{e}^{\mathrm{i}\beta_{4n}}C_{4n})C_{1n} = 0 \tag{3-14d}$$

把以上四式可以写成矩阵的形式

$$\begin{pmatrix} 1 & 1 & 1 & 1 \\ \beta_{1n} & \beta_{2n} & \beta_{3n} & \beta_{4n} \\ \mathrm{e}^{\mathrm{i}\beta_{1n}} & \mathrm{e}^{\mathrm{i}\beta_{2n}} & \mathrm{e}^{\mathrm{i}\beta_{3n}} & \mathrm{e}^{\mathrm{i}\beta_{4n}} \\ \beta_{1n}\mathrm{e}^{\mathrm{i}\beta_{1n}} & \beta_{2n}\mathrm{e}^{\mathrm{i}\beta_{2n}} & \beta_{3n}\mathrm{e}^{\mathrm{i}\beta_{3n}} & \beta_{4n}\mathrm{e}^{\mathrm{i}\beta_{4n}} \end{pmatrix} \begin{pmatrix} 1 \\ C_{2n} \\ C_{3n} \\ C_{4n} \end{pmatrix} C_{1n} = 0 \tag{3-15}$$

为了使原问题有非零解,则线性代数方程(3-15)的系数矩阵的行列式必须有零解,从而解出

$$\begin{aligned} &[\mathrm{e}^{\mathrm{i}(\beta_{1n}+\beta_{2n})} + \mathrm{e}^{\mathrm{i}(\beta_{3n}+\beta_{4n})}](\beta_{1n}-\beta_{2n})(\beta_{3n}-\beta_{4n}) + \\ &[\mathrm{e}^{\mathrm{i}(\beta_{1n}+\beta_{3n})} + \mathrm{e}^{\mathrm{i}(\beta_{2n}+\beta_{4n})}](\beta_{3n}-\beta_{1n})(\beta_{2n}-\beta_{4n}) + \\ &[\mathrm{e}^{\mathrm{i}(\beta_{2n}+\beta_{3n})} + \mathrm{e}^{\mathrm{i}(\beta_{1n}+\beta_{4n})}](\beta_{2n}-\beta_{3n})(\beta_{1n}-\beta_{4n}) = 0 \end{aligned} \tag{3-16}$$

解的系数为

$$C_{2n} = -\frac{(\beta_{4n}-\beta_{1n})(\mathrm{e}^{\mathrm{i}\beta_{3n}} - \mathrm{e}^{\mathrm{i}\beta_{1n}})}{(\beta_{4n}-\beta_{2n})(\mathrm{e}^{\mathrm{i}\beta_{3n}} - \mathrm{e}^{\mathrm{i}\beta_{2n}})},\ C_{3n} = -\frac{(\beta_{4n}-\beta_{1n})(\mathrm{e}^{\mathrm{i}\beta_{2n}} - \mathrm{e}^{\mathrm{i}\beta_{1n}})}{(\beta_{4n}-\beta_{3n})(\mathrm{e}^{\mathrm{i}\beta_{2n}} - \mathrm{e}^{\mathrm{i}\beta_{3n}})}$$

$$C_{4n} = -1 + \frac{(\beta_{4n} - \beta_{1n})(\mathrm{e}^{\mathrm{i}\beta_{3n}} - \mathrm{e}^{\mathrm{i}\beta_{1n}})}{(\beta_{4n} - \beta_{2n})(\mathrm{e}^{\mathrm{i}\beta_{3n}} - \mathrm{e}^{\mathrm{i}\beta_{2n}})} + \frac{(\beta_{4n} - \beta_{1n})(\mathrm{e}^{\mathrm{i}\beta_{2n}} - \mathrm{e}^{\mathrm{i}\beta_{1n}})}{(\beta_{4n} - \beta_{3n})(\mathrm{e}^{\mathrm{i}\beta_{2n}} - \mathrm{e}^{\mathrm{i}\beta_{3n}})} \tag{3-17}$$

这样可以解得两端固支的轴向运动梁的第 n 阶模态为

$$\begin{aligned}\phi_n(x) = c_1\Bigg\{ & \mathrm{e}^{\mathrm{i}\beta_{1n}x} - \frac{(\beta_{4n} - \beta_{1n})(\mathrm{e}^{\mathrm{i}\beta_{3n}} - \mathrm{e}^{\mathrm{i}\beta_{1n}})}{(\beta_{4n} - \beta_{2n})(\mathrm{e}^{\mathrm{i}\beta_{3n}} - \mathrm{e}^{\mathrm{i}\beta_{2n}})}\mathrm{e}^{\mathrm{i}\beta_{2n}x} - \\ & \frac{(\beta_{4n} - \beta_{1n})(\mathrm{e}^{\mathrm{i}\beta_{3n}} - \mathrm{e}^{\mathrm{i}\beta_{1n}})}{(\beta_{4n} - \beta_{3n})(\mathrm{e}^{\mathrm{i}\beta_{3n}} - \mathrm{e}^{\mathrm{i}\beta_{3n}})}\mathrm{e}^{\mathrm{i}\beta_{3n}x} + \\ & \Bigg(-1 + \frac{(\beta_{4n} - \beta_{1n})(\mathrm{e}^{\mathrm{i}\beta_{3n}} - \mathrm{e}^{\mathrm{i}\beta_{1n}})}{(\beta_{4n} - \beta_{2n})(\mathrm{e}^{\mathrm{i}\beta_{3n}} - \mathrm{e}^{\mathrm{i}\beta_{2n}})} + \\ & \frac{(\beta_{4n} - \beta_{1n})(\mathrm{e}^{\mathrm{i}\beta_{3n}} - \mathrm{e}^{\mathrm{i}\beta_{1n}})}{(\beta_{4n} - \beta_{3n})(\mathrm{e}^{\mathrm{i}\beta_{3n}} - \mathrm{e}^{\mathrm{i}\beta_{3n}})}\Bigg)\mathrm{e}^{\mathrm{i}\beta_{4n}x}\Bigg\}\end{aligned} \tag{3-18}$$

同样的，可以用数值方法解得轴向运动梁的第 n 阶的固有频率，图 3-3 及图 3-4 给出了几种不同无量纲化刚度时，前两阶固有频率随运动梁轴向运动速度的变化情况.

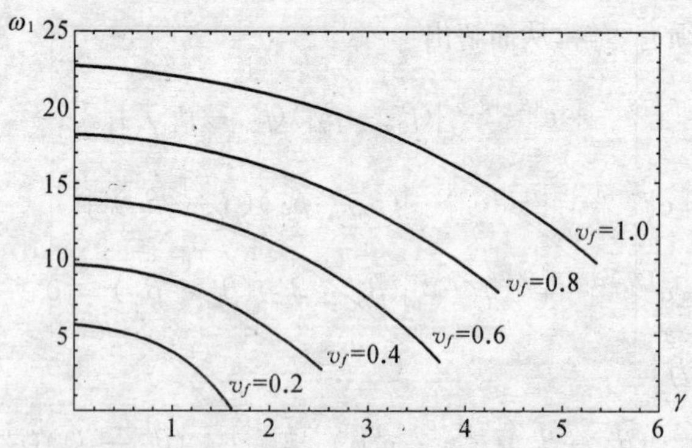

图 3-3　固支支承条件第一阶自频率

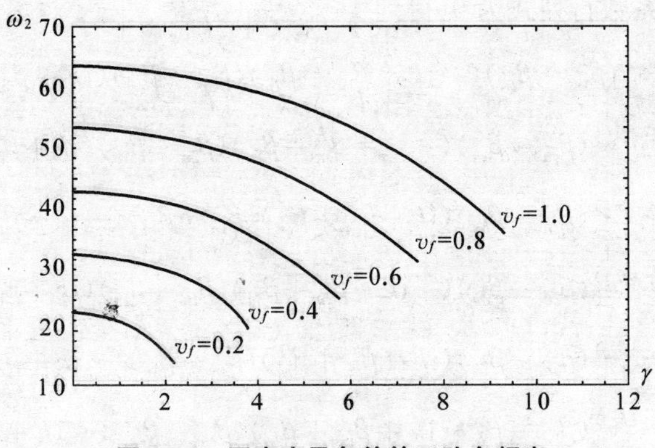

图 3-4　固支支承条件第二阶自频率

3.4　两端带有扭转弹簧的铰支条件下的振动模态及固有频率

带有扭转弹簧的铰支的边界条件为

$$\phi_n(0)=0,\ \phi_n(1)=0,\ \phi''_n(0)-k\phi'_n(0)=0,\ \phi''_n(1)+k\phi'_n(1)=0 \tag{3-19}$$

利用这个边界条件可以得到

$$\begin{bmatrix} 1 & 1 & 1 & 1 \\ \beta_{1n}^2+\mathrm{i}k\beta_{1n} & \beta_{2n}^2+\mathrm{i}k\beta_{2n} & \beta_{3n}^2+\mathrm{i}k\beta_{3n} & \beta_{4n}^2+\mathrm{i}k\beta_{4n} \\ \mathrm{e}^{\mathrm{i}\beta_{1n}} & \mathrm{e}^{\mathrm{i}\beta_{2n}} & \mathrm{e}^{\mathrm{i}\beta_{3n}} & \mathrm{e}^{\mathrm{i}\beta_{4n}} \\ (\beta_{1n}^2-\mathrm{i}k\beta_{1n})\mathrm{e}^{\mathrm{i}\beta_{1n}} & (\beta_{2n}^2-\mathrm{i}k\beta_{2n})\mathrm{e}^{\mathrm{i}\beta_{2n}} & (\beta_{3n}^2-\mathrm{i}k\beta_{3n})\mathrm{e}^{\mathrm{i}\beta_{3n}} & (\beta_{4n}^2-\mathrm{i}k\beta_{4n})\mathrm{e}^{\mathrm{i}\beta_{4n}} \end{bmatrix}\begin{bmatrix} 1 \\ C_{2n} \\ C_{3n} \\ C_{4n} \end{bmatrix}C_{1n}=0 \tag{3-20}$$

令其系数行列式为0，得到

$$
\begin{aligned}
& e^{i(\beta_{1n}+\beta_{2n})}(\beta_{1n}-\beta_{2n})(-ik+\beta_{1n}+\beta_{2n})(\beta_{3n}-\beta_{4n})(ik+\beta_{3n}+\beta_{4n})+\\
& \quad e^{i(\beta_{1n}+\beta_{3n})}(\beta_{3n}-\beta_{1n})(-ik+\beta_{3n}+\beta_{1n})(\beta_{2n}-\beta_{4n})(ik+\beta_{2n}+\beta_{4n})+\\
& \quad e^{i(\beta_{1n}+\beta_{4n})}(\beta_{2n}-\beta_{3n})(ik+\beta_{2n}+\beta_{3n})(\beta_{1n}-\beta_{4n})(-ik+\beta_{1n}+\beta_{4n})+\\
& \quad e^{i(\beta_{2n}+\beta_{3n})}(\beta_{2n}-\beta_{3n})(-ik+\beta_{2n}+\beta_{3n})(\beta_{1n}-\beta_{4n})(ik+\beta_{1n}+\beta_{4n})+\\
& \quad e^{i(\beta_{2n}+\beta_{4n})}(\beta_{3n}-\beta_{1n})(ik+\beta_{3n}+\beta_{1n})(\beta_{2n}-\beta_{4n})(-ik+\beta_{2n}+\beta_{4n})+\\
& \quad e^{i(\beta_{3n}+\beta_{4n})}(\beta_{1n}-\beta_{2n})(ik+\beta_{1n}+\beta_{2n})(\beta_{3n}-\beta_{4n})(-ik+\beta_{3n}+\beta_{4n})\\
& \quad =0 \qquad (3-21)
\end{aligned}
$$

得到两端带有弹簧铰支的轴向运动梁的第 n 阶模态为

$$
\begin{aligned}
\phi_n(x) = C\Bigg\{ & e^{i\beta_{1n}x}-\frac{ik(e^{i\beta_{1n}}+e^{i\beta_{3n}})(\beta_{1n}-\beta_{3n})+(e^{i\beta_{1n}}-e^{i\beta_{3n}})}{ik(e^{i\beta_{2n}}+e^{i\beta_{3n}})(\beta_{2n}-\beta_{3n})+(e^{i\beta_{2n}}-e^{i\beta_{3n}})}\times\\
& \frac{k^2+(\beta_{1n}+\beta_{4n})(\beta_{3n}+\beta_{4n})}{k^2+(\beta_{2n}+\beta_{4n})(\beta_{3n}+\beta_{4n})}\frac{(\beta_{1n}-\beta_{4n})}{(\beta_{2n}-\beta_{4n})}e^{i\beta_{2n}x}-\\
& \frac{ik(e^{i\beta_{1n}}+e^{i\beta_{2n}})(\beta_{1n}-\beta_{2n})+(e^{i\beta_{1n}}-e^{i\beta_{2n}})}{ik(e^{i\beta_{2n}}+e^{i\beta_{3n}})(\beta_{2n}-\beta_{3n})+(e^{i\beta_{2n}}-e^{i\beta_{3n}})}\times\\
& \frac{k^2+(\beta_{1n}+\beta_{4n})(\beta_{2n}+\beta_{4n})}{k^2+(\beta_{3n}+\beta_{4n})(\beta_{2n}+\beta_{4n})}\frac{(\beta_{1n}-\beta_{4n})}{(\beta_{3n}-\beta_{4n})}e^{i\beta_{3n}x}+\\
& \Bigg[-1+\frac{ik(e^{i\beta_{1n}}+e^{i\beta_{3n}})(\beta_{1n}-\beta_{3n})+(e^{i\beta_{1n}}-e^{i\beta_{3n}})}{ik(e^{i\beta_{2n}}+e^{i\beta_{3n}})(\beta_{2n}-\beta_{3n})+(e^{i\beta_{2n}}-e^{i\beta_{3n}})}\times\\
& \frac{k^2+(\beta_{1n}+\beta_{4n})(\beta_{3n}+\beta_{4n})}{k^2+(\beta_{2n}+\beta_{4n})(\beta_{3n}+\beta_{4n})}\frac{(\beta_{1n}-\beta_{4n})}{(\beta_{2n}-\beta_{4n})}+\\
& \frac{ik(e^{i\beta_{1n}}+e^{i\beta_{2n}})(\beta_{1n}-\beta_{2n})+(e^{i\beta_{1n}}-e^{i\beta_{2n}})}{ik(e^{i\beta_{2n}}+e^{i\beta_{3n}})(\beta_{2n}-\beta_{3n})+(e^{i\beta_{2n}}-e^{i\beta_{3n}})}\times
\end{aligned}
$$

$$\left.\left.\frac{k^2+(\beta_{1n}+\beta_{4n})(\beta_{2n}+\beta_{4n})}{k^2+(\beta_{3n}+\beta_{4n})(\beta_{2n}+\beta_{4n})}\frac{(\beta_{1n}-\beta_{4n})}{(\beta_{3n}-\beta_{4n})}\right]e^{i\beta_{4n}x}\right\} \tag{3-22}$$

图 3-5 及图 3-6 给出了几种不同无量纲化弹簧扭转系数时，前两阶固有频率随运动梁轴向运动速度的变化情况.

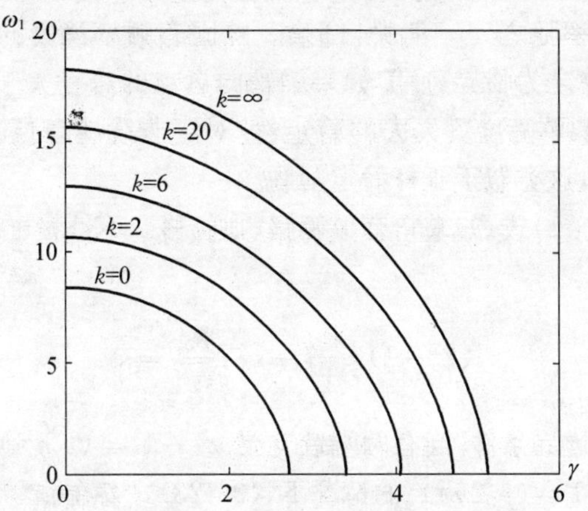

图 3-5　混合边界条件第一阶固有频率

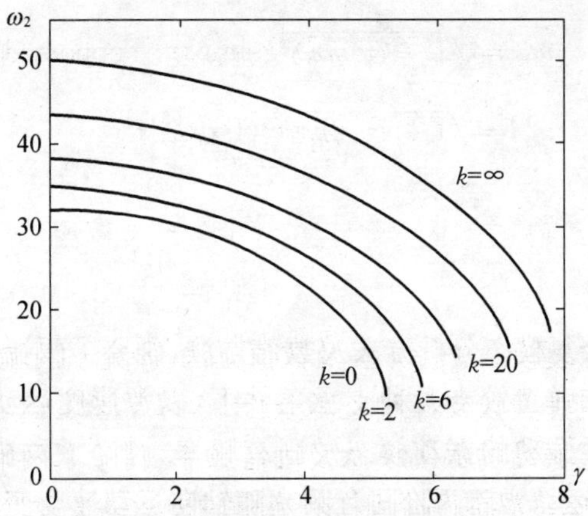

图 3-6　混合边界条件第二阶固有频率

3.5 轴向运动梁的振动临界速度

由图(3-1)到图(3-6)可以看出,梁的刚度或者两端的扭转弹簧刚度,使梁的固有频率变大.随着梁轴向运动速度的不断增大,梁的各阶固有频率随之一一消失,使第一阶固有频率消失的那个运动速度点,我们称之为临界速度.如果梁轴向运动的速度大于这个临界速度,则梁在零平衡位置失去的稳定性.对于非线性问题,则会出现非零平衡位置,这类似于压杆稳定问题.

考察(3-1)式,如果它有平衡解,则位移 u 不信赖于时间,所以解 u 满足

$$(\gamma^2-1)\frac{\partial^2 u}{\partial x^2}+v_f^2\frac{\partial^4 u}{\partial x^4}=0 \tag{3-23}$$

并满足边界条件.当有两端铰支梁 $u^2-1=(v_f n\pi)^2$,或两端固支梁时 $u^2-1=(v_f 2n\pi)^2$ 的情况下,(3-23)式存在非零解,这里 n 为整数.当 $n=1$ 时就可以得到两种支承边界条件下的临界速度.得到轴向运动梁的临界速度为

$$\begin{aligned}&u_{cr}=\sqrt{1+(v_f n\pi)^2}\,(\text{simple}\quad\text{supported}),\\&u_{cr}=\sqrt{1+(v_f 2n\pi)^2}\,(\text{fixed}).\end{aligned} \tag{3-24}$$

3.6 小结

本章结合复模态分析方法及数值方法,研究了两端铰支,两端固支及两端带有弹簧铰支几种支承条件下,以常速度运动的无阻尼轴向运动梁线性振动的振动模态及固有频率.讨论了两端铰支及两端固支条件下,运动梁前两阶固有频率随轴向运动速度变化的情况,并显示了梁材料刚度对自然的影响.对于两端带有扭转弹簧铰支的运

动梁，则分析了弹簧弹性系数对梁固有频率的影响，发现这个支承条件是介于两端铰支及两端固支之间的一种更一般的支承方式. 利用梁控制方程的平衡解，得到了轴向运动梁的临界速度.

第四章　加速度梁参数共振的稳定性

4.1　前言

本章研究速度变化的粘弹性梁的线性振动特性.在工程实际中，系统并不总是以严格的均匀速度运动的.如果传输速度有脉动成分，那么梁的振动特性会出现更为复杂的动态特性.设运动梁的轴向速度为围绕平均速度做微小的周期性脉动，当这个脉动频率接近固有频率的 2 倍或某两固有频率组合值时，轴向运动梁会出现共振现象而导致在零平衡位置失去稳定性.当脉动频率接近某阶固有频率的 2 倍而发生的共振动响应称之为次谐波共振；当脉动频率接近某两阶固有频率之和时而产生的共振响应称之为和式组合共振.本章将用平均法及直接多尺度分法分别研究加速度粘弹性运动梁的参激共振问题.

4.2　离散系统的平均法

4.2.1　两端铰支情况

考虑变速度轴向运动梁的控制方程的线性情况，由(2-21)式，得到

$$\frac{\partial^2 u}{\partial t^2}+2\gamma\frac{\partial^2 u}{\partial x\partial t}+\frac{\mathrm{d}\gamma}{\mathrm{d}t}\frac{\partial u}{\partial x}+(\gamma^2-1)\frac{\partial^2 u}{\partial x^2}+$$

$$k_f^2\frac{\partial^4 u}{\partial x^4}+\alpha\frac{\partial^5 u}{\partial x^4\partial t}=0,\tag{4-1}$$

其中粘弹性阻尼系数 α 为小量.

首先对方程(4-1)离散化,对于两铰支的梁模型,正弦函数序列满足边界条件,我们可以利用正弦函数做为 Galerkin 截断方法的试函数,设

$$u(x,\ t)=\sum_{n=1}^{N}q_n(t)\sin(n\pi x). \tag{4-2}$$

上式中,$\sin(n\pi x)$实际上就是就是两端铰支静态梁 $(\gamma=0)$ 的第 n 阶特征函数,$qn(t)$为位移函数,如果取静态梁的特征函数做为权函数,则由 Galerkin 法得到

$$\begin{aligned}&\ddot{q}_n-2\gamma\sum_{k=1,\ k\neq n}^{N}k\left[\frac{(-1)^{n+k}-1}{n+k}+\frac{(-1)^{n-k}-1}{n-k}\right]\dot{q}_k-\\&(v^2-1)n^2\pi^2q_n-\dot{\gamma}\sum_{k=1,\ k\neq n}^{N}k\left[\frac{(-1)^{n+k}-1}{n+k}+\right.\\&\left.\frac{(-1)^{n-k}-1}{n-k}\right]q_k+\beta^2n^4\pi^4q_n+\alpha n^4\pi^4\dot{q}_n=0.\end{aligned} \tag{4-3}$$

这样系统的偏微分控制方程就离散为常微分方程,下面对这个方程做平均化方法.

把(4-3)式写成矩阵形式

$$\dot{y}=\boldsymbol{S}y \tag{4-4}$$

其中

$$y=\begin{pmatrix}q\\ \dot{q}\end{pmatrix},\ \boldsymbol{S}=\begin{pmatrix}0 & \boldsymbol{I}\\ (\gamma^2-1)\boldsymbol{\Lambda}+\dot{\gamma}\boldsymbol{B}-\beta^2\boldsymbol{\Lambda}^2 & 2\gamma\boldsymbol{B}-\alpha\boldsymbol{\Lambda}^2\end{pmatrix}. \tag{4-5}$$

在矩阵 $\boldsymbol{S}$ 中,矩阵 0 和 $\boldsymbol{I}$ 分别表示 $N\times N$ 的 0 矩阵和单位阵,而矩阵 $\boldsymbol{\Lambda}$ 和 $\boldsymbol{B}$ 的元素由下式决定

$$\boldsymbol{\Lambda}_{ij}=\begin{cases}i^2\pi^2 & i=j\\ 0 & i\neq j\end{cases},$$

$$\boldsymbol{B}_{ij}=\begin{cases}j\left[\dfrac{(-1)^{i+j}-1}{i+j}+\dfrac{(-1)^{i-j}-1}{i-j}\right] & i\neq j\\ 0 & i=j\end{cases}$$

$$(i,\ j=1,\ 2,\ \cdots,\ N). \tag{4-6}$$

设轴向速度带有周期脉动量

$$\gamma=\gamma_0+\gamma_1\sin(\omega t), \tag{4-7}$$

其中 γ_1 为正实数的小量. 把(4-7)式代入(4-4)式,并略去 2 阶及以上高阶小量,得到其系数矩阵为

$$\boldsymbol{S}=\mathbf{A}+\gamma_1\mathbf{A}_1\sin\omega t+\omega\gamma_1\mathbf{A}_2\cos\omega t+\alpha\mathbf{A}_3 \tag{4-8}$$

其中各系数矩阵有

$$\mathbf{A}=\begin{bmatrix}0 & \boldsymbol{I}\\ (\gamma_0^2-1)\boldsymbol{\Lambda}-\beta^2\boldsymbol{\Lambda}^2 & 2\gamma_0\boldsymbol{B}\end{bmatrix},$$

$$\mathbf{A}_1=\begin{bmatrix}0 & 0\\ 2\gamma_0\boldsymbol{\Lambda} & 2\boldsymbol{B}\end{bmatrix},$$

$$\mathbf{A}_2=\begin{bmatrix}0 & 0\\ \boldsymbol{B} & 0\end{bmatrix},$$

$$\mathbf{A}_3=\begin{bmatrix}0 & 0\\ 0 & -\boldsymbol{\Lambda}^2\end{bmatrix}. \tag{4-9}$$

如果令 $\gamma_1=0$ 及 $\eta=0$, (4-7)则为陀螺矩阵,它的全部特征值为成对的虚数,而且存在矩阵 $\boldsymbol{T}$ 有如下变换

$$\boldsymbol{T}^{\mathrm{T}}\boldsymbol{A}\boldsymbol{T}=\begin{bmatrix}\omega_1\boldsymbol{J} & & & \\ & \omega_2\boldsymbol{J} & & \\ & & \ddots & \\ & & & \omega_N\boldsymbol{J}\end{bmatrix}, \tag{4-10}$$

其中 $\boldsymbol{J}$ 为 2×2 阶的辛矩阵

$$\boldsymbol{J}=\begin{bmatrix}0 & -1\\ 1 & 0\end{bmatrix}. \tag{4-11}$$

引入新的状态矢量及新的时间变量

$$\boldsymbol{x}=\boldsymbol{T}\boldsymbol{y},\ \tau=\omega t, \tag{4-12}$$

这样,(4-4)式及(4-8)式就化为

$$\dot{\boldsymbol{x}}=\frac{1}{\omega}\boldsymbol{\Omega}\boldsymbol{x}+\frac{\gamma_1}{\omega}\sin\tau\boldsymbol{C}\boldsymbol{x}+\gamma_1\cos\tau\boldsymbol{D}\boldsymbol{x}+\frac{\alpha}{\omega}\boldsymbol{E}\boldsymbol{x}, \tag{4-13}$$

其中各系数矩阵有

$$\boldsymbol{\Omega}=\boldsymbol{T}^{\mathrm{T}}\boldsymbol{A}\boldsymbol{T},\ \boldsymbol{C}=\boldsymbol{T}^{\mathrm{T}}\boldsymbol{A}_1\boldsymbol{T},\ \boldsymbol{D}=\boldsymbol{T}^{\mathrm{T}}\boldsymbol{A}_2\boldsymbol{T},\ \boldsymbol{E}=\boldsymbol{T}^{\mathrm{T}}\boldsymbol{A}_3\boldsymbol{T}. \tag{4-14}$$

考虑速度的脉动频率在某一固定频率附近变化,后面可以知道,这个固定的频率与梁的固有频率成一定关系时,将会有共振产生. 设脉动频率 ω 在一个固定频率 ω_0 附近,引入一个小参数 Δ 表示脉动频率 ω 和固有频率 ω_0 的差别.

$$\omega=\omega_0+\Delta \tag{4-15}$$

为了便于使用平均法,我们把 x 写成幅值-相角形式,

$$x_{2n-1}=a_n\cos\phi_n,\ x_{2n}=a_n\sin\phi_n\quad(n=1,\ 2,\ \cdots,\ N), \tag{4-16}$$

其中

$$\phi_n=k_n\tau+\theta_n \tag{4-17}$$

$$k_n=\frac{\omega_n}{\omega_0}. \tag{4-18}$$

把(4-16)代入(4-13)得到

$$\dot{a}_n\cos\phi_n + a_n(k_n+\dot{\theta}_n)\sin\phi_n = -k_n a_n\sin\phi_n + g_n^1,$$
$$\dot{a}_n\sin\phi_n - a_n(k_n+\dot{\theta}_n)\cos\phi_n = k_n a_n\cos\phi_n + g_n^2. \quad (4-19)$$

其中

$$g_n^1 = \frac{\gamma_1}{\omega_0}\sin\tau\sum_{m=1}^{N}(C_{nm}^{11}\cos\phi_m + C_{nm}^{12}\sin\phi_m) + \gamma_1\cos\tau\sum_{m=1}^{N}(D_{nm}^{11}\cos\phi_m + D_{nm}^{12}\sin\phi_m) + \frac{\alpha}{\omega_0}\sum_{m=1}^{N}(E_{nm}^{11}\cos\phi_m + E_{nm}^{12}\sin\phi_m) + \frac{\Delta}{\omega_n}a_n\sin\phi_n,$$

$$g_n^2 = \frac{\gamma_1}{\omega_0}\sin\tau\sum_{m=1}^{N}(C_{nm}^{21}\cos\phi_m + C_{nm}^{22}\sin\phi_m) + \gamma_1\cos\tau\sum_{m=1}^{N}(D_{nm}^{21}\cos\phi_m + D_{nm}^{22}\sin\phi_m) + \frac{\alpha}{\omega_0}\sum_{m=1}^{N}(E_{nm}^{21}\cos\phi_m + E_{nm}^{22}\sin\phi_m) - \frac{\Delta}{\omega_n}a_n\cos\phi_n. \quad (4-20)$$

在(4－20)中 C_{nm}^{ij}，D_{nm}^{ij} 和 E_{nm}^{ij} $(i,\ j=1,\ 2;\ n,\ m=1,\ 2,\ \cdots,\ N)$ 分别表示 2×2 矩阵中的第 i 行和第 j 列元素，而 $\boldsymbol{C}_{mn}$，$\boldsymbol{D}_{mn}$ 和 $\boldsymbol{E}_{mn}$ 为由下列矩阵决定

$$\boldsymbol{C} = \begin{pmatrix} \boldsymbol{C}_{12} & \boldsymbol{C}_{13} & \cdots & \boldsymbol{C}_{1N} \\ \boldsymbol{C}_{21} & \boldsymbol{C}_{22} & \cdots & \boldsymbol{C}_{2N} \\ \vdots & \vdots & \ddots & \vdots \\ \boldsymbol{C}_{N1} & \boldsymbol{C}_{N2} & \cdots & \boldsymbol{C}_{NN} \end{pmatrix},$$

$$\boldsymbol{D} = \begin{pmatrix} \boldsymbol{D}_{12} & \boldsymbol{D}_{13} & \cdots & \boldsymbol{D}_{1N} \\ \boldsymbol{D}_{21} & \boldsymbol{D}_{22} & \cdots & \boldsymbol{D}_{2N} \\ \vdots & \vdots & \ddots & \vdots \\ \boldsymbol{D}_{N1} & \boldsymbol{D}_{N2} & \cdots & \boldsymbol{D}_{NN} \end{pmatrix},$$

$$\boldsymbol{E} = \begin{pmatrix} \boldsymbol{E}_{12} & \boldsymbol{E}_{13} & \cdots & \boldsymbol{E}_{1N} \\ \boldsymbol{E}_{21} & \boldsymbol{E}_{22} & \cdots & \boldsymbol{E}_{2N} \\ \vdots & \vdots & \ddots & \vdots \\ \boldsymbol{E}_{N1} & \boldsymbol{E}_{N2} & \cdots & \boldsymbol{E}_{NN} \end{pmatrix}. \quad (4-21)$$

从(4-19)式可以得到

$$\begin{aligned} \dot{a}_n &= g_n^1 \cos\phi_n + g_n^2 \sin\phi_n, \\ a_n \dot{\theta}_n &= g_n^2 \cos\phi_n - g_n^1 \sin\phi_n. \end{aligned} \tag{4-22}$$

把(4-20)式代入上式，得到

$$\begin{aligned} \dot{a}_n = \Bigg\{ & \frac{\gamma_1}{4} \sum_{m=1}^{N} \left(\frac{C_{nm}^{11} - C_{nm}^{22}}{\omega_0} - D_{nm}^{12} - D_{nm}^{21} \right) \sin(\tau - \phi_m - \phi_n) + \\ & \frac{\gamma_1}{4} \sum_{m=1}^{N} \left(\frac{C_{nm}^{12} + C_{nm}^{21}}{\omega_0} + D_{nm}^{11} - D_{nm}^{22} \right) \cos(\tau - \phi_m - \phi_n) + \\ & \frac{\gamma_1}{4} \sum_{m=1}^{N} \left(\frac{C_{nm}^{11} + C_{nm}^{22}}{\omega_0} + D_{nm}^{12} - D_{nm}^{21} \right) \sin(\tau + \phi_m - \phi_n) + \\ & \frac{\gamma_1}{4} \sum_{m=1}^{N} \left(\frac{-C_{nm}^{12} + C_{nm}^{21}}{\omega_0} + D_{nm}^{11} + D_{nm}^{22} \right) \cos(\tau + \phi_m - \phi_n) + \\ & \frac{\gamma_1}{4} \sum_{m=1}^{N} \left(\frac{C_{nm}^{11} - C_{nm}^{22}}{\omega_0} + D_{nm}^{12} + D_{nm}^{21} \right) \sin(\tau + \phi_m + \phi_n) + \\ & \frac{\gamma_1}{4} \sum_{m=1}^{N} \left(\frac{-C_{nm}^{12} - C_{nm}^{21}}{\omega_0} + D_{nm}^{11} - D_{nm}^{22} \right) \cos(\tau + \phi_m + \phi_n) + \\ & \frac{\gamma_1}{4} \sum_{m=1}^{N} \left(\frac{C_{nm}^{11} + C_{nm}^{22}}{\omega_0} - D_{nm}^{12} + D_{nm}^{21} \right) \sin(\tau - \phi_m + \phi_n) + \\ & \frac{\gamma_1}{4} \sum_{m=1}^{N} \left(\frac{C_{nm}^{12} - C_{nm}^{21}}{\omega_0} + D_{nm}^{11} + D_{nm}^{22} \right) \cos(\tau - \phi_m + \phi_n) + \\ & \frac{\alpha}{2} \sum_{m=1}^{N} (E_{nm}^{12} - E_{nm}^{21}) \sin(\phi_m - \phi_n) + \\ & \frac{\alpha}{2} \sum_{m=1}^{N} (E_{nm}^{11} + E_{nm}^{22}) \cos(\phi_m - \phi_n) + \\ & \frac{\alpha}{2} \sum_{m=1}^{N} (E_{nm}^{12} + E_{nm}^{21}) \sin(\phi_m + \phi_n) + \end{aligned}$$

$$\left.\frac{\alpha}{2}\sum_{m=1}^{N}(E_{nm}^{11}-E_{nm}^{22})\cos(\phi_m+\phi_n)\right\}a_n, \tag{4-23a}$$

$$\begin{aligned}
a_n\dot{\theta}_n=&\left\{\frac{\gamma_1}{4}\sum_{m=1}^{N}\left(\frac{-C_{nm}^{11}+C_{nm}^{22}}{\omega_0}+D_{nm}^{12}+D_{nm}^{21}\right)\cos(\tau-\phi_m-\phi_n)+\right.\\
&\frac{\gamma_1}{4}\sum_{m=1}^{N}\left(\frac{C_{nm}^{12}+C_{nm}^{21}}{\omega_0}+D_{nm}^{11}-D_{nm}^{22}\right)\sin(\tau-\phi_m-\phi_n)+\\
&\frac{\gamma_1}{4}\sum_{m=1}^{N}\left(\frac{-C_{nm}^{11}-C_{nm}^{22}}{\omega_0}-D_{nm}^{12}+D_{nm}^{21}\right)\cos(\tau+\phi_m-\phi_n)+\\
&\frac{\gamma_1}{4}\sum_{m=1}^{N}\left(\frac{-C_{nm}^{12}+C_{nm}^{21}}{\omega_0}+D_{nm}^{11}+D_{nm}^{22}\right)\sin(\tau+\phi_m-\phi_n)+\\
&\frac{\gamma_1}{4}\sum_{m=1}^{N}\left(\frac{C_{nm}^{11}-C_{nm}^{22}}{\omega_0}+D_{nm}^{12}+D_{nm}^{21}\right)\cos(\tau+\phi_m+\phi_n)+\\
&\frac{\gamma_1}{4}\sum_{m=1}^{N}\left(\frac{C_{nm}^{12}+C_{nm}^{21}}{\omega_0}-D_{nm}^{11}+D_{nm}^{22}\right)\sin(\tau+\phi_m+\phi_n)+\\
&\frac{\gamma_1}{4}\sum_{m=1}^{N}\left(\frac{C_{nm}^{11}+C_{nm}^{22}}{\omega_0}-D_{nm}^{12}+D_{nm}^{21}\right)\cos(\tau-\phi_m+\phi_n)+\\
&\frac{\gamma_1}{4}\sum_{m=1}^{N}\left(\frac{-C_{nm}^{12}+C_{nm}^{21}}{\omega_0}-D_{nm}^{11}-D_{nm}^{22}\right)\sin(\tau-\phi_m+\phi_n)+\\
&\frac{\alpha}{2}\sum_{m=1}^{N}(-E_{nm}^{12}+E_{nm}^{21})\cos(\phi_m-\phi_n)+\\
&\frac{\alpha}{2}\sum_{m=1}^{N}(E_{nm}^{11}+E_{nm}^{22})\sin(\phi_m-\phi_n)+\\
&\frac{\alpha}{2}\sum_{m=1}^{N}(E_{nm}^{12}+E_{nm}^{21})\cos(\phi_m+\phi_n)+\\
&\left.\frac{\alpha}{2}\sum_{m=1}^{N}(-E_{nm}^{11}+E_{nm}^{22})\sin(\phi_m+\phi_n)-\frac{\Delta}{2\omega_0}\right\}a_n.
\end{aligned} \tag{4-23b}$$

由于Δ，γ_1和η皆为小量，所以(4-23)式右端可以采用平均化的形式，得到的平均化方程的稳定性与原方程有相同的稳定性.取不同的速度脉动频率，也会得到不同的平均化方程.当脉动频率达到运动梁固有频率的2倍或为任两阶固有频率的和或差，即$\omega_0=2\omega_n$或$\omega_n \pm \omega_m$时，则有可能发生次谐波共振或者组合共振.

4.2.1.1　次谐波共振

首先考虑次谐共振，即$m=n$的情况，此时$k_n=1/2\ (j=1,\ 2)$，脉动频率处在$2\omega_n$附近.利用平均化算子$\lim\limits_{\Gamma\to\infty}\dfrac{1}{\Gamma}\int_0^{\Gamma}(\quad)\mathrm{d}\tau$于(4-23)式，得到

$$\dot{a}_n=(U_n\gamma_1\cos 2\theta_n+V_n\gamma_1\sin 2\theta_n+M_n\alpha)a_n,$$
$$a_n\dot{\theta}_n=\left(V_n\gamma_1\cos 2\theta_n-U_n\gamma_1\sin 2\theta_n+N_n\alpha-\frac{\Delta}{\omega_n}\right)a_n, \tag{4-24}$$

其中

$$U_n=\frac{1}{4}\left(D_{nn}^{11}-D_{nn}^{22}+\frac{C_{nn}^{12}+C_{nn}^{21}}{2\omega_n}\right),$$
$$V_n=\frac{1}{4}\left(D_{nn}^{12}+D_{nn}^{21}+\frac{-C_{nn}^{11}+C_{nn}^{22}}{2\omega_n}\right), \tag{4-25}$$
$$M_n=\frac{E_{nn}^{11}+E_{nn}^{22}}{4\omega_n},\ N_n=\frac{E_{nn}^{21}-E_{nn}^{12}}{4\omega_n}.$$

为了便于分析，引入新的变量

$$\xi_n=a_n\cos\left(\theta_n+\frac{1}{2}\tan^{-1}\frac{U_n}{V_n}\right),$$
$$\zeta_n=a_n\sin\left(\theta_n+\frac{1}{2}\tan^{-1}\frac{U_n}{V_n}\right). \tag{4-26}$$

于是(4-24)式化为

$$\dot{\xi}_n = M_n\alpha\xi_n + \left(\sqrt{U_n^2+V_n^2}\gamma_1 - N_n\alpha + \frac{\Delta}{\omega_n}\right)\zeta_n,$$

$$\dot{\zeta}_n = \left(\sqrt{U_n^2+V_n^2}\gamma_1 + N_n\alpha - \frac{\Delta}{\omega_n}\right)\xi_n + M_n\alpha\zeta_n. \quad (4-27)$$

式(4-27)是一组线性常微分方程,它的稳定性可以由其特征值决定.

$$\lambda^2 - 2M_n\alpha\lambda + M_n^2\alpha^2 + \left(N_n\alpha^2 - \frac{\Delta}{\omega_n}\right)^2 - (U_n^2+V_n^2)\gamma_1^2 = 0. \quad (4-28)$$

4.2.1.2　组合共振

现在考虑组合共振 $m \neq n$ 情况,首先考虑和式的组合共振,此时 $k_n + k_m = 1$,速度脉动频率 ω 处于 $\omega_n + \omega_m$ 附近.在这种情况下,对(4-23)式做平均化,得到

$$\dot{a}_n = (U_{nm}\gamma_1\cos 2\theta_n + V_{nm}\gamma_1\sin 2\theta_n + M_{nm}\alpha)a_n,$$

$$a_n\dot{\theta}_n = \left(V_{nm}\gamma_1\cos 2\theta_n - U_{nm}\gamma_1\sin 2\theta_n + N_{nm}\alpha - \frac{\Delta}{\omega_n}\right)a_n. \quad (4-29)$$

其中

$$U_{nm} = \frac{1}{4}\left(D_{nm}^{11} - D_{nm}^{22} + \frac{C_{nm}^{12} + C_{nm}^{21}}{\omega_n + \omega_m}\right),$$

$$V_{nm} = \frac{1}{4}\left(D_{nm}^{12} + D_{nm}^{21} + \frac{-C_{nm}^{11} + C_{nm}^{22}}{\omega_n + \omega_m}\right), \quad (4-30)$$

$$M_{nm} = \frac{E_{nn}^{11} + E_{nn}^{22}}{2(\omega_n + \omega_m)},\ N_{nm} = \frac{E_{nn}^{21} - E_{nn}^{12}}{2(\omega_n + \omega_m)}.$$

同样定义新的变量

$$\chi_n = a_n \cos\theta_n + \mathrm{i}a_n \sin\theta_n, \qquad (4-31)$$

$$\chi_m = a_m \cos\theta_m - \mathrm{i}a_m \sin\theta_m.$$

上式两端对时间 τ 求导,得到

$$\dot{\chi}_n = \dot{a}_n(\cos\theta_n + \mathrm{i}\sin\theta_n) - a_n\dot{\theta}_n(\sin\theta_n - \mathrm{i}\cos\theta_n),$$

$$\chi_m = \dot{a}_m(\cos\theta_m - \mathrm{i}\sin\theta_m) - a_m\dot{\theta}_m(\sin\theta_m + \mathrm{i}\cos\theta_m). \qquad (4-32)$$

把(4-31)及(4-32)代入(4-29),得到一组线性自治常微分方程

$$\dot{\chi}_n = \left(M_{nm}\eta + \mathrm{i}N_{nm}\eta - \mathrm{i}\frac{\Delta}{\omega_n}\right)\chi_n + (U_{nm} + \mathrm{i}V_{nm})\chi_m,$$

$$\dot{\chi}_m = (U_{mn} + \mathrm{i}V_{mn})\chi_n + \left(M_{mn}\alpha + \mathrm{i}N_{mn}\alpha - \mathrm{i}\frac{\Delta}{\omega_m}\right)\chi_m. \qquad (4-33)$$

它的特征方程为

$$\lambda^2 - \left[(M_{nm} + M_{mn} + \mathrm{i}N_{nm} + \mathrm{i}N_{mn})\eta + \mathrm{i}\Delta\left(\frac{1}{\omega_n} - \frac{1}{\omega_n}\right)\right]\lambda + \left(M_{nm}\alpha + \mathrm{i}N_{nm}\alpha - \mathrm{i}\frac{\Delta}{\omega_n}\right)\left(M_{mn}\alpha - \mathrm{i}N_{mn}\alpha + \mathrm{i}\frac{\Delta}{\omega_m}\right) - (U_{nm} + \mathrm{i}V_{nm})(U_{mn} - \mathrm{i}V_{mn})\gamma_1^2 = 0. \qquad (4-34)$$

当 $m = n$ 时,由(4-34)式可以推出(4-28)式.

对于差式组合,则不会出现共振情况,即当脉动频率 ω 处于 $\omega_n - \omega_m$ 附近时,不会产生共振现象.

如果(4-28)式或者(4-34)式的根全部有负实部,及不发生次谐波共振或组合共振,如果至少一个的正实部根,则脉动运动梁产生次谐波或者组合共振.通过分析特征方程解的情况,就可以得到次谐波共振或者组合共振在 $2\omega_n$ 或 $\omega_n + \omega_m$ 附近的失稳边界.

4.2.1.3　失稳边界及参数的影响

对于线性控制方程，给定速度 γ_0 和刚度 v_f 则利用第三章的方法，就可以用数值方法得到各阶的固有频率. 本章以上的分析中，我们采用的是 Galerkin 离散化的方程，由这个离散化方程得到的固有频率与第三章得到的固有频率不同，这一点，我们将在第七章做详细的介绍.

下面我们将采用 4 阶截断的方程，即在(4-2)式中令 $N=4$，分析速度脉动频率分别在 $2\omega_n$，$2\omega_m$ 及 $\omega_n+\omega_m$ 附近时所产生的一阶次谐波共振、二阶次谐波共振及一二阶的组合共振的失稳边界及各参数对失稳区域的影响.

图 4-1 给出了当 $\gamma_0=2.0$，$v_f=0.8$ 时不同粘弹性阻尼下，ω-γ_1 平面上三种共振的失稳区域，曲线内的频率范围内，运动梁产生共振. 在一阶次谐波共振(4-1a)图中，实线，点划线和虚线围成的区域分别表示当粘弹性阻尼 $\alpha=0.0$，0.002，0.005 时对应的共振失稳区域. 在二阶次谐波共振(4-1b)图中，实线，点划线和虚线围成的区域分别表示当粘弹性阻尼 $\alpha=0.0$，0.000 1，0.000 2 时对应的共振失稳区域. 在和式组合共振(4-1c)图中，实线，点划线和虚线围成的区域

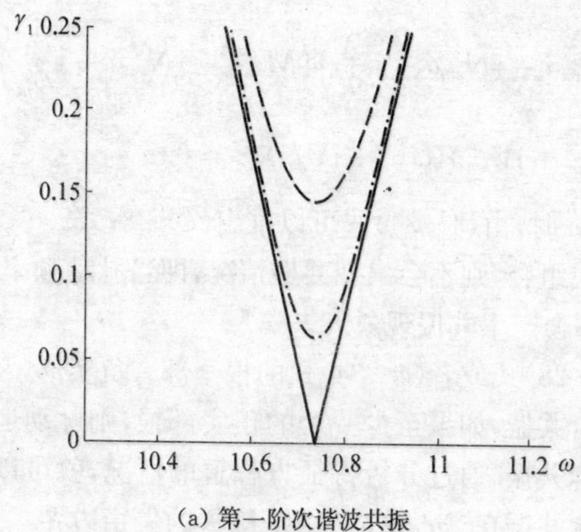

(a) 第一阶次谐波共振

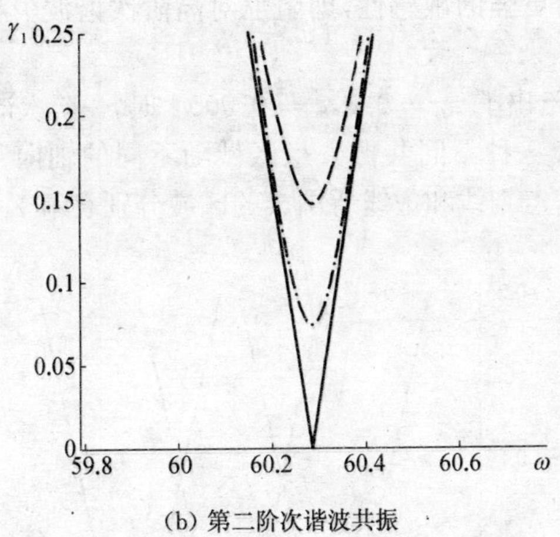

(b) 第二阶次谐波共振

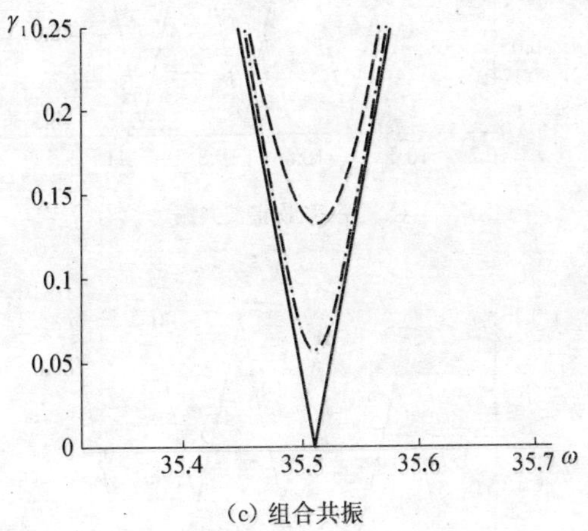

(c) 组合共振

图 4-1 粘弹性阻尼对失稳区域的影响

则分别表示当粘弹性阻尼 $\alpha=0.0$, 0.002, 0.005 时对应的共振失稳区域. 在这几种共振情况下,增大粘弹性系数,都会使得在 $\omega-\gamma_1$ 平面上,共振失稳区域减小. 较大的脉动振幅对应着较大的失稳脉动频率范围,当粘弹性阻尼增大时,这个失稳范围就会减小,甚至消失. 比较一阶及二阶次谐波共振区域,我们可以断定: 较高阶的次谐波共振对粘弹性阻尼有更强的敏感性，即阻尼对高阶次谐波失稳区域的影响更加明显.

图 4-2 给出了 $v_f = 0.8, \alpha = 0.0001$ 时，一阶次谐波、二阶次谐波及和式组合三种不同共振失稳区域随不同的轴向平均速度的情况. 图中实线，点划线和虚线所围成的区域分别表示 $\gamma_0 = 1.97$, 2.0,

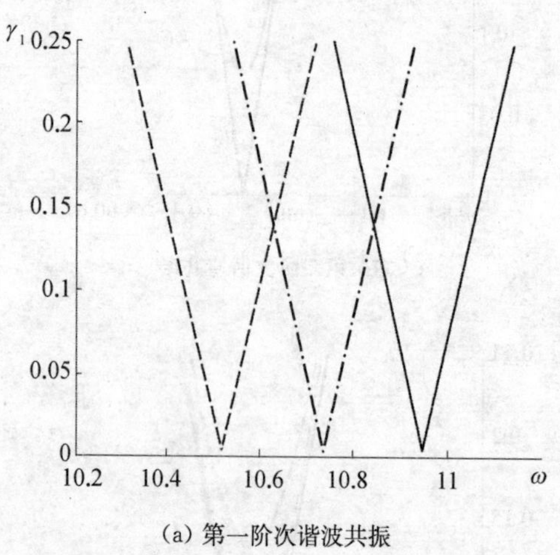

(a) 第一阶次谐波共振

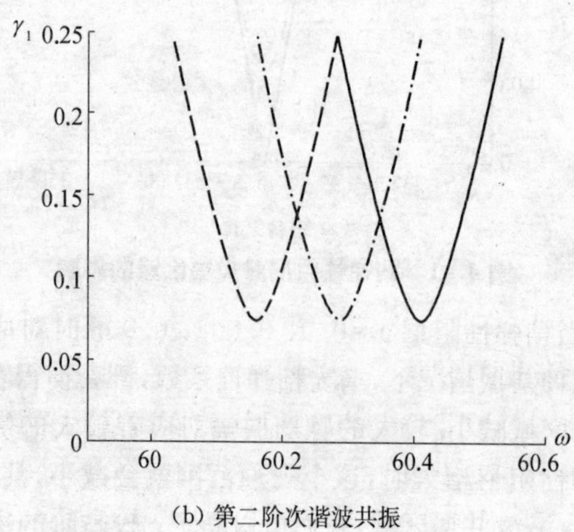

(b) 第二阶次谐波共振

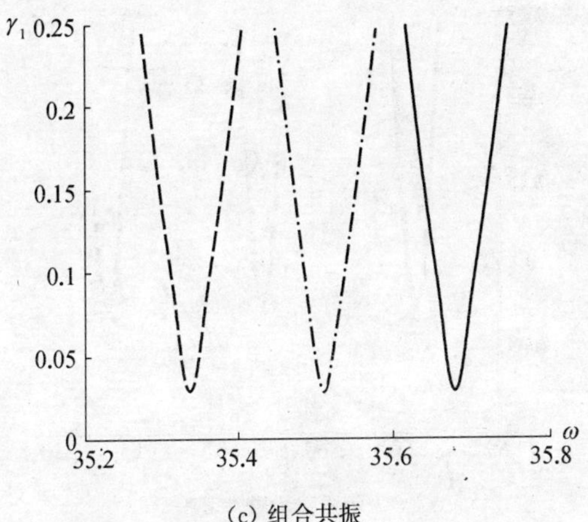

(c) 组合共振

图 4-2　梁平均速度对失稳区域的影响

2.03 时的共振失稳区域. 从图中曲线可以发现，当增大梁的轴向运动平均速度时，失稳区域略有缩小；而轴向运动平均速度的影响主要体现在使梁固有频率的改变.

图 4-3 显示了当 $\gamma_0 = 2.0$，$\alpha = 0.0001$ 时，不同梁刚度 v_f 对三

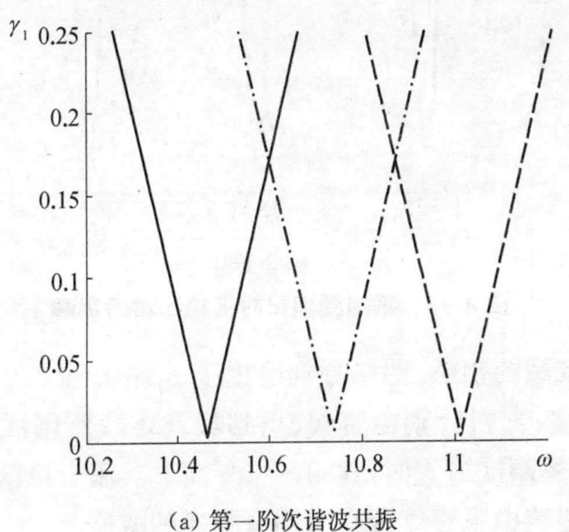

(a) 第一阶次谐波共振

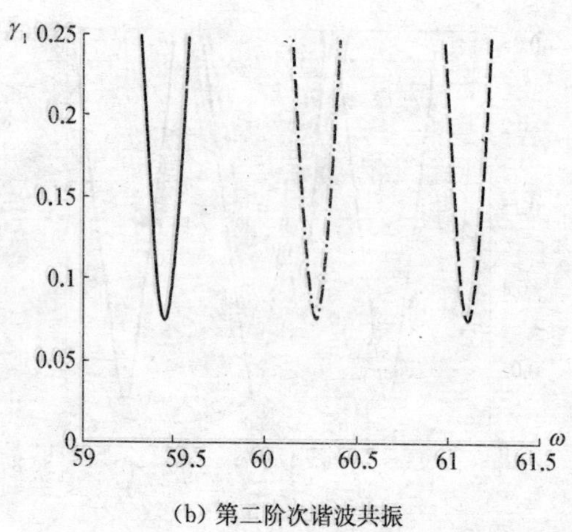

(b) 第二阶次谐波共振

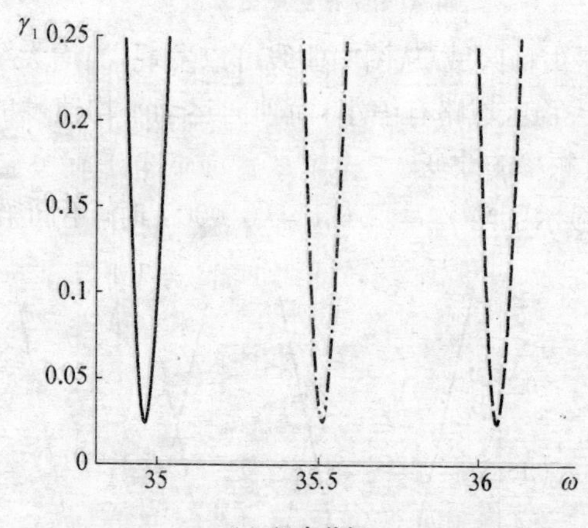

(c) 组合共振

图 4-3　梁刚度阻尼对失稳区域的影响

种共振失稳区域的影响. 图中分别给出了 $v_f=0.79$, 0.8, 0.81 时的共振失稳区域, 它们分别由实线、点划线及虚线所围成的区域表示. 结果表明, 当梁刚度增大时, 在 $\omega-\gamma_1$ 平面上共振失稳区域有所减小, 但梁刚度的影响也主要体现在对固有频率的改变.

4.2.2 两端固支情况

两端固定轴向运动梁的控制方程(4-1)式对应的边界条件为

$$u(0,\ t)=u(1,\ t)=0,\ \frac{\partial u(0,\ t)}{\partial x}=\frac{\partial u(1,\ t)}{\partial x}=0 \quad (4-35)$$

那么,则利用 Galerkin 方法离散时,试函数就不能采用正弦函数,而是要采用能够满足边界条件的一系列函数,这里我们就自然的想到,两端固支的静止梁的模态函数

$$\Phi_i(x)=\cos\psi_i x-\cosh\psi_i x-\frac{\cos\psi_i-\cosh\psi_i}{\sin\psi_i-\sinh\psi_i}(\sin\psi_i x-\sinh\psi_i x) \quad (4-36)$$

其中 ψ_i 满足

$$\cos\psi_i\cosh\psi_i-1=0 \quad (4-37)$$

同样的对(4-1)式利用 Galerkin 离散化方法,设横向位移为

$$u(x,\ t)=\boldsymbol{\Phi}^{\mathrm{T}}\boldsymbol{q} \quad (4-38)$$

其中

$$\begin{aligned}\boldsymbol{q}&=(q_1(t)\quad q_2(t)\quad \cdots\quad q_N(t))^{\mathrm{T}}\\ \boldsymbol{\Phi}&=(\boldsymbol{\phi}_1(x)\quad \boldsymbol{\phi}_2(x)\quad \cdots\quad \boldsymbol{\phi}_N(x))^{\mathrm{T}}\end{aligned} \quad (4-39)$$

把(4-38)代入(4-1)式,然后等式两端乘以 $\boldsymbol{\Phi}$,并在区间[0, 1]上对 x 积分,得到

$$\ddot{\boldsymbol{q}}+2\gamma\boldsymbol{B}_1\dot{\boldsymbol{q}}+\dot{\gamma}\boldsymbol{B}_1\boldsymbol{q}+(\gamma^2-1)\boldsymbol{B}_2\boldsymbol{q}+v_f^2\boldsymbol{\Lambda}\boldsymbol{q}+\alpha\boldsymbol{\Lambda}\dot{\boldsymbol{q}}=0 \quad (4-40)$$

其中

$$\boldsymbol{B}_1=\int_0^1\boldsymbol{\Phi}\boldsymbol{\Phi}'^{\mathrm{T}}\mathrm{d}x\quad \boldsymbol{B}_2=\int_0^1\boldsymbol{\Phi}\boldsymbol{\Phi}''^{\mathrm{T}}\mathrm{d}x$$

$$\boldsymbol{\Lambda} = \mathrm{diag}\{\psi_1^4 \quad \psi_2^4 \quad \cdots \quad \psi_N^4\} \tag{4-41}$$

设速度为围绕一常数的小脉动，

$$\gamma = \gamma_0 + \gamma_1 \sin(\omega t) \tag{4-42}$$

代入(4-40)式中，略去高阶小量得到

$$\dot{\boldsymbol{y}} = \boldsymbol{A}\boldsymbol{y} + \gamma_1 \boldsymbol{A}_1 \boldsymbol{y} \sin \omega t + \omega \gamma_1 \boldsymbol{A}_2 \boldsymbol{y} \cos \omega t + \alpha \boldsymbol{A}_3 \boldsymbol{y} \tag{4-43}$$

其中

$$y = \begin{bmatrix} \boldsymbol{q} \\ \dot{\boldsymbol{q}} \end{bmatrix} \quad \boldsymbol{A} = \begin{bmatrix} 0 & \boldsymbol{I} \\ -(\gamma_0^2 - 1)\boldsymbol{B}_2 - \beta^2 \boldsymbol{\Lambda} & -2\gamma_0 \boldsymbol{B}_1 \end{bmatrix}$$

$$\boldsymbol{A}_1 = \begin{bmatrix} 0 & 0 \\ -2\gamma_0 \boldsymbol{\Lambda} & -2\boldsymbol{B}_1 \end{bmatrix} \quad \boldsymbol{A}_2 = \begin{bmatrix} 0 & 0 \\ -\boldsymbol{B}_1 & 0 \end{bmatrix} \quad \boldsymbol{A}_3 = \begin{bmatrix} 0 & 0 \\ 0 & -\boldsymbol{\Lambda} \end{bmatrix} \tag{4-44}$$

这样，我们就得到了和两端铰支情况分析中，与式(4-8)相同的形式，但是各系数矩阵的元素的值是不同的.

取 4 阶 Galerkin 截断，$N = 4$，仍然按分析两端铰支情况那样的，我们就可以得到两端固支情况下的次谐波共振及和式组合共振的失稳区域边界，

$$\lambda^2 - 2M_n \alpha \lambda + M_n^2 \alpha^2 + \left(N_n \alpha^2 - \frac{\Delta}{\omega_n}\right)^2 - (U_n^2 + V_n^2)\gamma_1^2 = 0. \tag{4-45}$$

及

$$\lambda^2 - \left[(M_{nm} + M_{mn} + \mathrm{i} N_{nm} + \mathrm{i} N_{mn})\eta + \mathrm{i}\Delta\left(\frac{1}{\omega_n} - \frac{1}{\omega_n}\right)\right]\lambda + \left(M_{nm}\alpha + \mathrm{i} N_{nm}\alpha - \mathrm{i}\frac{\Delta}{\omega_n}\right)\left(M_{mn}\alpha - \mathrm{i} N_{mn}\alpha + \mathrm{i}\frac{\Delta}{\omega_m}\right) - (U_{nm} + \mathrm{i} V_{nm})(U_{mn} - \mathrm{i} V_{mn})\gamma_1^2 = 0. \tag{4-46}$$

根据这两个等式,我们就可以分析失稳区域及各参数的影响.

图 4-4 给出了当 $\gamma_0 = 4.0$, $v_f = 0.8$ 时不同粘弹性阻尼下,ω-γ_1 平面上三种共振的失稳区域,曲线内的频率范围内,运动梁产生共振. 图 4-4 中,实线,点划线和虚线围成的区域分别表示当粘弹性阻尼 α=0.0, 0.002, 0.005 时对应的共振失稳区域. 同两端铰支情

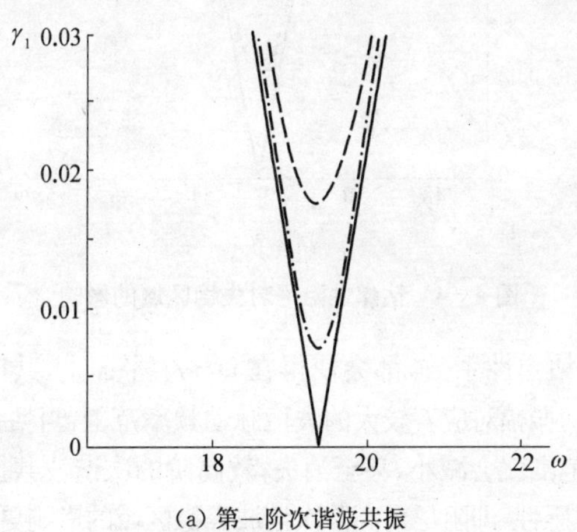

(a) 第一阶次谐波共振

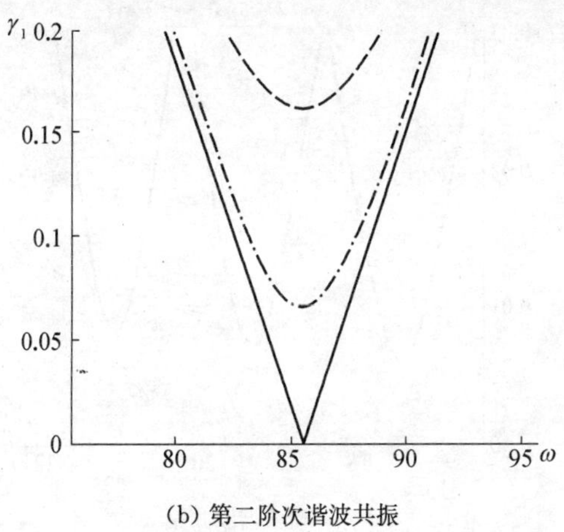

(b) 第二阶次谐波共振

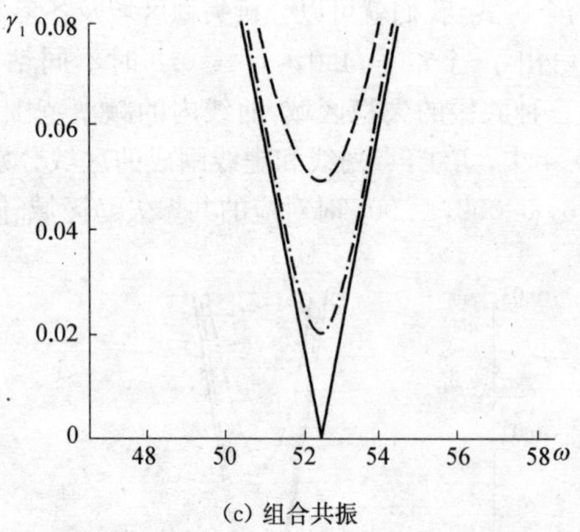

(c) 组合共振

图 4-4　粘弹性阻尼对失稳区域的影响

况类似，增大粘弹性系数，都会使得在 $\omega-\gamma_1$ 平面上，共振失稳区域减小. 较大的脉动振幅对应着较大的失稳脉动频率范围，当粘弹性阻尼增大时，这个失稳范围就会减小，甚至消失；较高阶的次谐波共振对粘弹性阻尼有更强的敏感性，即阻尼对高阶次谐波失稳区域的影响更加明显.

图 4-5 给出了 $v_f=0.8$，$\alpha=0.002$ 时，一阶次谐波、二阶次谐波

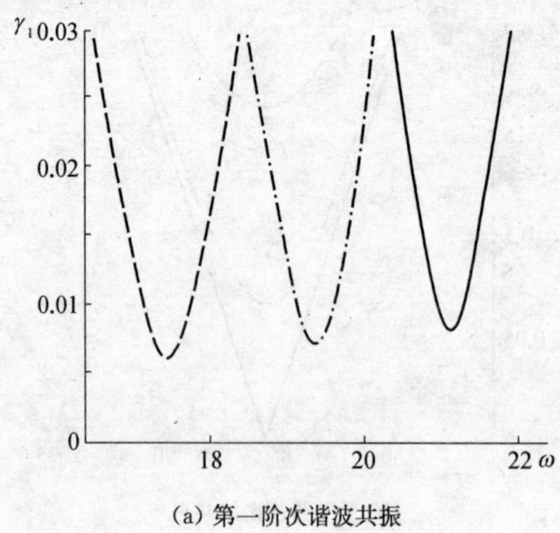

(a) 第一阶次谐波共振

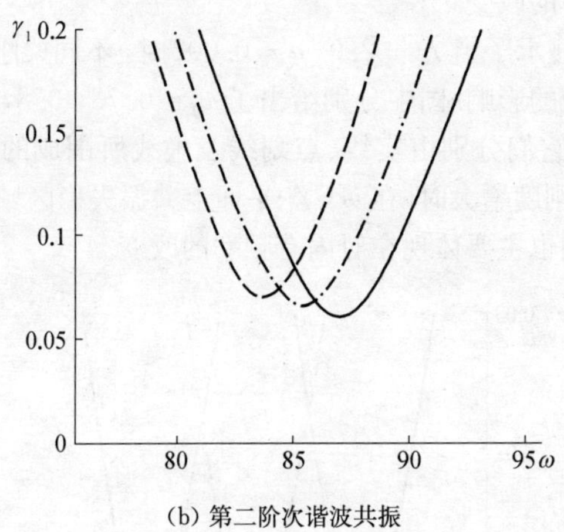

(b) 第二阶次谐波共振

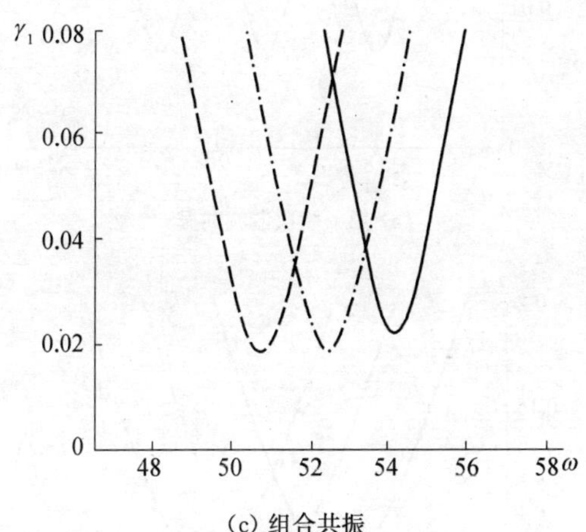

(c) 组合共振

图 4-5 梁平均速度对失稳区域的影响

及和式组合三种不同共振失稳区域随不同的轴向平均速度的情况. 图中实线,点划线和虚线所围成的区域分别表示 $\gamma_0=3.7, 4.0, 4.3$ 时的共振失稳区域. 从图中曲线可以发现,当增大梁的轴向运动平均速度时,失稳区域略有缩小;而轴向运动平均速度的影响主要体现在使梁固有频率的改变.

图 4-6 显示了当 $\gamma_0 = 2.0$, $\alpha = 0.002$ 时，不同梁刚度 v_f 对三种共振失稳区域的影响.图中分别给出了 $v_f = 0.78$, 0.8, 0.82 时的共振失稳区域，它们分别由实线、点划线及虚线所围成的区域表示.结果表明，当梁刚度增大时，在 ω-γ_1 平面上共振失稳区域有所减小，但梁刚度的影响也主要体现在对固有频率的改变.

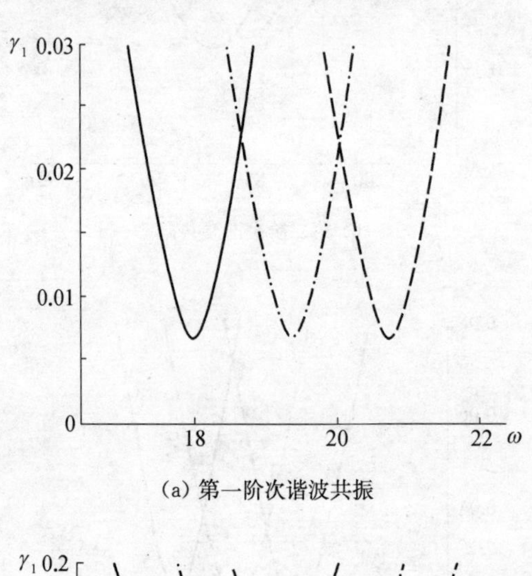

(a) 第一阶次谐波共振

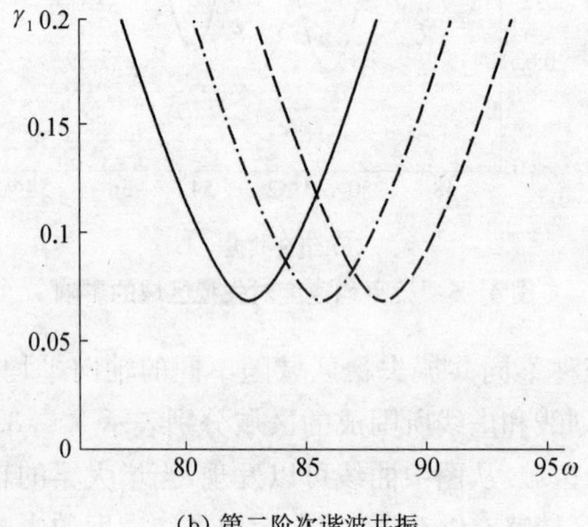

(b) 第二阶次谐波共振

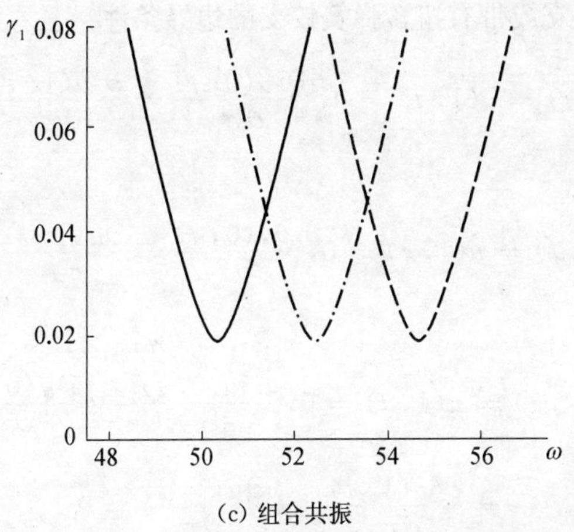

(c) 组合共振

图 4-6　梁刚度阻尼对失稳区域的影响

梁的平均速度及梁的刚度对梁的固有频率的影响，我们已经在第三章做过分析. 而实际上，粘弹性阻尼也会对运动梁的固有频率有较小的影响，这需要利用二阶的摄动方法来分析，因为平均化方法是一种精确到一阶小量的摄动方法，我们将在第六章中分析粘弹梁对固有频率的影响.

4.3　多时间尺度法

4.3.1　控制方程的直接多尺度法

为了减少因为截断而带来的误差，我们可以对控制方程直接应用摄动法——时间多尺度法.

仍然研究控制方程

$$\frac{\partial^2 u}{\partial t^2}+2\gamma\frac{\partial^2 u}{\partial x\partial t}+\frac{\mathrm{d}\gamma}{\mathrm{d}t}\frac{\partial u}{\partial x}+(\gamma^2-1)\frac{\partial^2 u}{\partial x^2}+k_f^2\frac{\partial^4 u}{\partial x^4}+\alpha\frac{\partial^5 u}{\partial x^4\partial t}=0 \tag{4-47}$$

两端铰支,固支或带有扭转弹簧铰支的边界条件

$$u(0,\ t)=u(1,\ t)=0,\ \frac{\partial^2 u(0,\ t)}{\partial x^2}=\frac{\partial^2 u(1,\ t)}{\partial x^2}=0 \tag{4-48a}$$

$$u(0,\ t)=u(1,\ t)=0,\ \frac{\partial u(0,\ t)}{\partial x}=\frac{\partial u(1,\ t)}{\partial x}=0 \tag{4-48b}$$

$$u(0,\ t)=u(1,\ t)=0,\ \frac{\partial^2 u(0,\ t)}{\partial x^2}-k\frac{\partial u(0,\ t)}{\partial x}=\frac{\partial^2 u(1,\ t)}{\partial x^2}+k\frac{\partial u(1,\ t)}{\partial x}=0 \tag{4-48c}$$

轴向运动速度受到周期小扰动

$$\gamma(t)=\gamma_0+\varepsilon\gamma_1\sin\omega t \tag{4-49}$$

把(4-49)代入(4-47)式,表示为

$$M\frac{\partial^2 u}{\partial t^2}+G\frac{\partial u}{\partial t}+Ku=-2\varepsilon\gamma_1\sin\omega t\frac{\partial^2 u}{\partial x\partial t}-2\varepsilon\gamma_0\gamma_1\sin\omega t\frac{\partial^2 u}{\partial x^2}-\varepsilon\omega\gamma_1\cos\omega t\frac{\partial u}{\partial x}-\varepsilon\alpha\frac{\partial^5 u}{\partial x^4\partial t} \tag{4-50}$$

质量,陀螺及线性刚度算子的定义如下,

$$M=I,\ G=2\gamma_0\frac{\partial}{\partial x},\ K=(\gamma_0^2-1)\frac{\partial^2}{\partial x^2}+v_f^2\frac{\partial^4}{\partial x^4} \tag{4-51}$$

对上式应用直接多尺度法,设其一阶近似解为

$$u(x,\ t;\ \varepsilon)=u_0(x,\ T_0,\ T_1)+\varepsilon u_1(x,\ T_0,\ T_1)+\cdots \tag{4-52}$$

其中 $T_0=\tau$ 为因为运动梁某阶固有频率 ω_k 而致的快时间尺度,$T_1=\varepsilon\tau$ 是因为阻尼和速度小扰动而引发的振幅及相位慢变的慢时间尺度.把(4-52)式及其微分

$$\frac{\partial}{\partial t}=\frac{\partial}{\partial T_0}+\varepsilon\frac{\partial}{\partial T_1}+\cdots,\ \frac{\partial^2}{\partial t^2}=\frac{\partial^2}{\partial T_0^2}+2\varepsilon\frac{\partial^2}{\partial T_0\partial T_1}+\cdots \tag{4-53}$$

代入(4-50)式,分离 ε^0 和 ε^1 不同阶量,得到两个等式

$$M\frac{\partial^2 u_0}{\partial T_0^2}+G\frac{\partial u_0}{\partial T_0}+Ku_0=0 \tag{4-54}$$

和

$$M\frac{\partial^2 u_1}{\partial T_0^2}+G\frac{\partial u_1}{\partial T_0}+Ku_1=-2\frac{\partial^2 u_0}{\partial T_0\partial T_1}-2\gamma_0\frac{\partial^2 u_0}{\partial x\partial T_1}-2\gamma_1\sin\omega t\left(\frac{\partial^2 u_0}{\partial x\partial T_0}+\gamma_0\frac{\partial^2 u_0}{\partial x^2}\right)-\gamma_1\omega\cos\omega t\frac{\partial u_0}{\partial x}-\alpha\frac{\partial^5 u_0}{\partial x^4\partial T_0} \tag{4-55}$$

Wickert 和 Mote 得到(4-54)的解有如下形式

$$u_0(x,\ T_0,\ T_1)=\sum_{k=0,1,\cdots}\left[\phi_k(x)A_k(T_1)\mathrm{e}^{\mathrm{i}\omega_k T_0}+\bar{\phi}_k(x)\bar{A}_k(T_1)\mathrm{e}^{-\mathrm{i}\omega_k T_0}\right] \tag{4-56}$$

其中符号上的一横表示其复数共轭,第 k 阶固有频率及模态由边界条件决定,我们已经在第三章中分析过,所以(4-54)式解已知.

本章用平均法已经证明当速度的脉动频率 ω 接近系统某阶固有频率两倍或者为某两阶固有频率之和时会发生共振现象. 现在我们引入调谐参数 σ,表示脉动频率 ω 在 $\omega_n+\omega_m$ 附近做变化,

$$\omega=\omega_n+\omega_m+\varepsilon\sigma \tag{4-57}$$

其中和分别表示式(4-54)的第 n 阶及第 m 阶固有频率. 为了分析和式组合共振的响应,设(4-55)式的解为

$$u_0(x, T_0, T_1) = \phi_n(x)A_n(T_1)e^{i\omega_n T_0} + \phi_m(x)A_m(T_1)e^{i\omega_m T_0} + cc \tag{4-58}$$

其中 cc 表示等式右端之前各项的复数共轭.把(4-58)式及(4-57)式代入(4-55)式,并把右端的三角函数表达为指数形式得到

$$\begin{aligned} & M\frac{\partial^2 u_1}{\partial T_0^2} + G\frac{\partial u_1}{\partial T_0} + Ku_1 \\ & = \Big\{-2\dot{A}_n(i\omega_n\phi_n + \gamma_0\phi'_n) + \gamma_1\Big[\frac{1}{2}(\omega_m - \omega_n)\bar{\phi}'_m + i\gamma_0\bar{\phi}''_m\Big]\bar{\phi}_m e^{i\sigma T_1} - \\ & \quad i\alpha\omega_n A_n\phi''''_n\Big\}e^{i\omega_n T_0} + \Big\{-2\dot{A}_m(i\omega_m\phi_m + \gamma_0\phi'_m) + \\ & \quad \gamma_1\Big[\frac{1}{2}(\omega_n - \omega_m)\bar{\phi}'_n + i\gamma_0\bar{\phi}''_n\Big]\bar{\phi}_n e^{i\sigma T_1} - i\alpha\omega_m A_m\phi''''_m\Big\}e^{i\omega_m T_0} + \\ & \quad cc + NST \end{aligned} \tag{4-59}$$

其中符号上的点及撇分别表示对慢变时间 T_1 及无量纲轴向坐标 x 的导数,NST 表示不会给解带来长期项的所有项.若要所得解不存在长期项,则可解性条件要求非齐次微分方程(4-59)的非齐次部分与其伴随方程的齐次解正交,即有如下的正交关系

$$\begin{aligned} & \langle -2\dot{A}_n(i\omega_n\phi_n + \gamma_0\phi'_n) + \gamma_1[1/2(\omega_m - \omega_n)\bar{\phi}'_m + \\ & \quad i\gamma_0\bar{\phi}''_m]\bar{\phi}_m e^{i\sigma T_1} - i\alpha\omega_n A_n\phi''''_n, \phi_n\rangle = 0 \\ & \langle -2\dot{A}_m(i\omega_m\phi_m + \gamma_0\phi'_m) + \gamma_1[1/2(\omega_n - \omega_m)\bar{\phi}'_n + \\ & \quad i\gamma_0\bar{\phi}''_n]\bar{\phi}_n e^{i\sigma T_1} - i\alpha\omega_m A_m\phi''''_m, \phi_m\rangle = 0 \end{aligned} \tag{4-60}$$

其中在区间[0, 1]上复方程的内积定义如下

$$\langle f, g\rangle = \int_0^1 f\bar{g}\,dx \tag{4-61}$$

于是由(4-60)立即得到

$$\dot{A}_n + \alpha c_{nn} A_n + \gamma_1 d_{nm} \overline{A}_m e^{i\sigma T_1} = 0$$

$$\dot{A}_m + \alpha c_{mm} A_m + \gamma_1 d_{mn} \overline{A}_n e^{i\sigma T_1} = 0 \tag{4-62}$$

其中系数有

$$c_{kk} = \frac{i\omega_k \int_0^1 \phi_k'''' \bar{\phi}_k dx}{2(i\omega_k \int_0^1 \phi_k \bar{\phi}_k dx + \gamma_0 \int_0^1 \phi_k' \bar{\phi}_k dx)}, (k = n, m)$$

$$d_{kj} = -\frac{(\omega_j - \omega_k) \int_0^1 \bar{\phi}_j' \bar{\phi}_k dx + 2i\gamma_0 \int_0^1 \bar{\phi}_j'' \bar{\phi}_k dx}{4(i\omega_k \int_0^1 \phi_k \bar{\phi}_k dx + \gamma_0 \int_0^1 \phi_k' \bar{\phi}_k dx)},$$

$$(k = n, m; j = m, n) \tag{4-63}$$

它们由方程(4-54)的模态函数所决定，与轴向速度的脉动量无关.

做如下变换

$$A_n(T_1) = B_n(T_1) e^{\frac{i\sigma T_1}{2}}, A_m(T_1) = B_m(T_1) e^{\frac{i\sigma T_1}{2}} \tag{4-64}$$

把(4-62)化为自治方程

$$\begin{aligned} &\dot{B}_n + i\frac{\sigma}{2} B_n + \alpha c_{nn} B_n + \gamma_1 d_{nm} \overline{B}_m = 0 \\ &\dot{B}_m + i\frac{\sigma}{2} B_m + \alpha c_{mm} B_m + \gamma_1 d_{mn} \overline{B}_n = 0 \end{aligned} \tag{4-65}$$

很明显，方程(4-65)有零解. 现在我们分析其非零解的情况，设其有非零解，且有如下形式

$$B_n = b_n e^{\lambda T_1}, B_m = b_m e^{\bar{\lambda} T_1} \tag{4-66}$$

其中 b_n 和 b_m 为实数，λ 是我们要确定的复数. 把(4-66)式代入(4-65)式并取第二式的共轭，可以得到

$$\left(-\lambda-\frac{\sigma}{2}\mathrm{i}-\alpha c_{nn}\right)b_n+\gamma_1 d_{nm}b_m=0$$

$$\gamma_1\bar{d}_{mn}b_n+\left(-\lambda+\frac{\sigma}{2}\mathrm{i}-\alpha\bar{c}_{mm}\right)b_m=0 \tag{4-67}$$

方程(4-67)为一组有关 b_n 和 b_m 的自治线性代数方程,如果它有非零解,则它的系数矩阵的行列式并为零,即

$$\lambda^2+\alpha(c_{nn}+c_{mm})\lambda+\left(\frac{\sigma}{2}\mathrm{i}+\alpha c_{nn}\right)\left(-\frac{\sigma}{2}\mathrm{i}+\alpha\bar{c}_{mm}\right)-\gamma_1^2 d_{nm}\bar{d}_{mn}=0 \tag{4-68}$$

如果 λ 有正实部解,则系统解不稳定,如果 λ 全部为负实部,则系统稳定.

把 λ,c_{nn} 及 c_{mm} 分离为实部及虚部

$$\lambda=\lambda^{\mathrm{R}}+\mathrm{i}\lambda^{\mathrm{I}},\ c_{nn}=c_{nn}^{\mathrm{R}}+\mathrm{i}c_{nn}^{\mathrm{I}},\ c_{mm}=c_{mm}^{\mathrm{R}}+\mathrm{i}c_{mm}^{\mathrm{I}} \tag{4-69}$$

把(4-69)式代入(4-68)式,并把结果也分离为实部和虚部,得到

$$\begin{aligned}&\lambda^{\mathrm{R}^2}-\lambda^{\mathrm{I}^2}+\alpha(c_{nn}^{\mathrm{R}}+c_{mm}^{\mathrm{R}})\lambda^{\mathrm{R}}-\alpha(c_{nn}^{\mathrm{I}}+c_{mm}^{\mathrm{I}})\lambda^{\mathrm{I}}+\alpha^2c_{nn}^{\mathrm{R}}c_{mm}^{\mathrm{R}}+\\&\left(\frac{\sigma}{2}+\alpha c_{nn}^{\mathrm{I}}\right)\left(\frac{\sigma}{2}+\alpha c_{mm}^{\mathrm{I}}\right)-\gamma_1^2\mathrm{Re}(d_{nm}\bar{d}_{mn})=0\\&2\lambda^{\mathrm{R}}\lambda^{\mathrm{I}}+\alpha(c_{nn}^{\mathrm{I}}+c_{mm}^{\mathrm{I}})\lambda^{\mathrm{R}}+\alpha(c_{nn}^{\mathrm{R}}+c_{mm}^{\mathrm{R}})\lambda^{\mathrm{I}}+\\&\alpha\left[c_{mm}^{\mathrm{R}}\left(\frac{\sigma}{2}+\alpha c_{nn}^{\mathrm{I}}\right)-c_{nn}^{\mathrm{R}}\left(\frac{\sigma}{2}+\alpha c_{mm}^{\mathrm{I}}\right)\right]-\gamma_1^2\mathrm{Im}(d_{nm}\bar{d}_{mn})=0\end{aligned} \tag{4-70}$$

如果 $\alpha=0$,则(4-70)当满足

$$\mathrm{Im}(d_{nm}\bar{d}_{mn})=0,\ \mathrm{Re}(d_{nm}\bar{d}_{mn})>0,\ \sigma=\pm\gamma_1\sqrt{\mathrm{Re}(d_{nm}\bar{d}_{mn})} \tag{4-71}$$

时,有 $\lambda^{\mathrm{R}}=0$,实际上(4-71)式由数值结果一定成立.如果 $\alpha\neq 0$,把 $\lambda^{\mathrm{R}}=0$ 代入(4-70)式并消去 λ^{I} 得到

$$\left[\frac{\sigma}{2}(c_{nn}^{\mathrm{R}}-c_{mm}^{\mathrm{R}})+\alpha(c_{nn}^{\mathrm{R}}c_{mm}^{\mathrm{I}}-c_{mm}^{\mathrm{R}}c_{nn}^{\mathrm{I}})+\frac{\gamma_1^2}{\alpha}\mathrm{Im}(d_{nm}\overline{d}_{mn})\right]^2+$$

$$(c_{nn}^{\mathrm{R}}+c_{mm}^{\mathrm{R}})(c_{nn}^{\mathrm{I}}+c_{mm}^{\mathrm{I}})\left[\frac{\sigma}{2}(c_{nn}^{\mathrm{R}}-c_{mm}^{\mathrm{R}})+\alpha(c_{nn}^{\mathrm{R}}c_{mm}^{\mathrm{I}}-c_{mm}^{\mathrm{R}}c_{nn}^{\mathrm{I}})+\right.$$

$$\left.\frac{\gamma_1^2}{\alpha}\mathrm{Im}(d_{nm}\overline{d}_{mn})\right]+(c_{nn}^{\mathrm{R}}+c_{mm}^{\mathrm{R}})^2\left[\frac{\sigma^2}{4}+\frac{\sigma\alpha}{2}(c_{nn}^{\mathrm{I}}+c_{mm}^{\mathrm{I}})+\right.$$

$$\left.\alpha^2(c_{nn}^{\mathrm{R}}c_{mm}^{\mathrm{R}}+c_{nn}^{\mathrm{I}}c_{mm}^{\mathrm{I}})\right]+\gamma_1^2\mathrm{Re}(d_{nm}\overline{d}_{mn})=0 \tag{4-72}$$

式(4-72)就是和式组合共振响应失稳区域的边界.

如果速度的脉动频率接近某阶固有频率的两倍时,次谐波共振就有可能发生,引入调谐参数 σ,设脉动频率为

$$\omega=2\omega_n+\varepsilon\sigma \tag{4-73}$$

为了分析和式组合共振的响应,设(4-55)式的解为

$$u_0(x,T_0,T_1)=\phi_n(x)A_n(T_1)\mathrm{e}^{\mathrm{i}\omega_n T_0}+cc \tag{4-74}$$

把(4-73)式和(4-74)式代入(4-55)式得到

$$M\frac{\partial^2 u_1}{\partial T_0^2}+G\frac{\partial u_1}{\partial T_0}+Ku_1$$

$$=[-2\dot{A}_n(\mathrm{i}\omega_n\phi_n+\gamma_0\phi_n')+\mathrm{i}\gamma_0\gamma_1\overline{\phi}_n''\overline{\phi}_n\mathrm{e}^{\mathrm{i}\sigma T_1}-$$

$$\mathrm{i}\alpha\omega_n A_n\phi_n''''']\mathrm{e}^{\mathrm{i}\omega_n T_0}+cc+NST \tag{4-75}$$

利用可解性条件得到

$$\dot{A}_n+\alpha c_{nn}A_n+\gamma_1 d_{nn}\overline{A}_m\mathrm{e}^{\mathrm{i}\sigma T_1}=0 \tag{4-76}$$

其中

$$c_n = \frac{\mathrm{i}\omega_n \int_0^1 \phi''''_n \bar{\phi}_n \mathrm{d}x}{2\left(\mathrm{i}\omega_n \int_0^1 \phi_n \bar{\phi}_n \mathrm{d}x + \gamma_0 \int_0^1 \phi'_n \bar{\phi}_n \mathrm{d}x\right)}, \tag{4-77}$$

$$d_n = -\frac{\mathrm{i}\gamma_0 \int_0^1 \bar{\phi}''_n \bar{\phi}_n \mathrm{d}x}{2\left(\mathrm{i}\omega_n \int_0^1 \phi_n \bar{\phi}_n \mathrm{d}x + \gamma_0 \int_0^1 \phi'_n \bar{\phi}_n \mathrm{d}x\right)}$$

把(4－76)的解表示为幅值-相角形式

$$A_n(T_1) = a_n(T_1)\mathrm{e}^{\mathrm{i}\varphi_n(T_1)} \tag{4-78}$$

其中 $a_n(T_1)$和 $\varphi_n(T_1)$为与慢变时间 T_1 有关的实函数. 利用模态函数可以证明

$$\mathrm{Re}(c_n) > 0,\ \mathrm{Im}(c_n) = 0 \tag{4-79}$$

利用(4－78)及(4－79)式，在(4－76)式消去 φ_n，可以得到失稳区域边界为

$$\sigma = \pm \gamma_1 \mid d_{nn} \mid,\ (\alpha = 0) \tag{4-80}$$

$$\frac{\gamma_1^4}{\alpha^2} \mid d_{nn} \mid^4 + 4\frac{\gamma_1^2}{\alpha} c_{nn}^{\mathrm{R}} c_{nn}^{\mathrm{I}} \mid d_{nn} \mid^2 + 4c_{nn}^{\mathrm{R}^2}\left[\frac{\sigma^2}{4} + \sigma\alpha c_{nn}^{\mathrm{I}} + \alpha^2(c_{nn}^{\mathrm{R}^2} + c_{nn}^{\mathrm{I}^2}) + \gamma_1^2 \mid d_{nn} \mid^2\right] = 0,\ (\alpha \neq 0) \tag{4-81}$$

实际上，在和式组合共振的失稳区域边界的(4－72)式中，令 $m = n$ 可以得到与上式同样的结果.

4.3.2 不同边界条件的失稳区域边界及参数影响

4.3.2.1 两端铰支情况

对于两端铰支的运动梁，它的固有频率及模态已经在第三章分析过，其第 n 阶模态表示为

$$\phi_n(x) = c_1\left\{ e^{i\beta_{1n}x} - \frac{(\beta_{4n}^2-\beta_{1n}^2)(e^{i\beta_{3n}}-e^{i\beta_{1n}})}{(\beta_{4n}^2-\beta_{2n}^2)(e^{i\beta_{3n}}-e^{i\beta_{2n}})} e^{i\beta_{2n}x} - \frac{(\beta_{4n}^2-\beta_{1n}^2)(e^{i\beta_{2n}}-e^{i\beta_{1n}})}{(\beta_{4n}^2-\beta_{3n}^2)(e^{i\beta_{2n}}-e^{i\beta_{3n}})} e^{i\beta_3 x} + \left(-1+\frac{(\beta_{4n}^2-\beta_{1n}^2)(e^{i\beta_{3n}}-e^{i\beta_{1n}})}{(\beta_{4n}^2-\beta_{2n}^2)(e^{i\beta_{3n}}-e^{i\beta_{2n}})} + \frac{(\beta_{4n}^2-\beta_{1n}^2)(e^{i\beta_{2n}}-e^{i\beta_{1n}})}{(\beta_{4n}^2-\beta_{3n}^2)(e^{i\beta_{2n}}-e^{i\beta_{3n}})}\right) e^{i\beta_{4n}x} \right\} \tag{4-82}$$

考虑刚度 $v_f=0.8$ 和轴向速度 $\gamma_0=2.0$ 的轴向带有脉动的轴向运动梁. 其固有频率可以由(3 - 9)式得到 $\omega_1=5.369\,2$，$\omega_2=30.120\,0$，而模态函数(4 - 82)中，第一阶有 $\beta_{11}=3.990\,6$，$\beta_{21}=-1.242\,4+2.439\,7\mathrm{i}$，$\beta_{31}=-1.242\,4-2.439\,7\mathrm{i}$，$\beta_{41}=-1.505\,8$，第二阶有 $\beta_{12}=7.449\,7$，$\beta_{22}=-1.249\,7+6.072\,6\mathrm{i}$，$\beta_{32}=-1.249\,7-6.072\,6\mathrm{i}$，$\beta_{42}=-4.950\,3$.

在和式组合共振响应失稳区域边界(4 - 72)中，通过数值计算可以得到 $c_{11}=45.859\,7$，$c_{22}=709.702\,3$，$d_{12}=1.242\,7+0.784\,3\mathrm{i}$ 及 $d_{21}=0.294\,8+0.186\,0\mathrm{i}$，因为有 c_{kk} 为实数，所以(4 - 72)式化为

$$\left[\frac{\sigma}{2}(c_{nn}^{\mathrm{R}}-c_{mm}^{\mathrm{R}})\right]^2 + (c_{nn}^{\mathrm{R}}+c_{mm}^{\mathrm{R}})^2\left[\frac{\sigma^2}{4}+\alpha^2(c_{nn}^{\mathrm{R}}c_{mm}^{\mathrm{R}}) - \gamma_1^2\mathrm{Re}(d_{nm}\bar{d}_{mn})\right]=0 \tag{4-83}$$

这样，失稳区域边界简化为

$$-2\sqrt{\frac{\gamma_1^2\mathrm{Re}(d_{nm}\overline{d}_{mn})-\alpha^2c_{nn}^{\mathrm{R}}c_{mm}^{\mathrm{R}}}{1+\kappa^2}}<\sigma<2\sqrt{\frac{\gamma_1^2\mathrm{Re}(d_{nm}\overline{d}_{mn})-\alpha^2c_{nn}^{\mathrm{R}}c_{mm}^{\mathrm{R}}}{1+\kappa^2}} \tag{4-84}$$

其中

$$\kappa=\frac{c_{nn}^{\mathrm{R}}-c_{mm}^{\mathrm{R}}}{c_{nn}^{\mathrm{R}}+c_{mm}^{\mathrm{R}}} \tag{4-85}$$

系统失稳的条件为 $c_{nn}^{\mathrm{R}}c_{mm}^{\mathrm{R}}$ 和 $\mathrm{Re}(d_{nm}\overline{d}_{mn})$ 同号,并且轴向速度的脉动幅值足够大,有

$$\gamma_1>\alpha\sqrt{\frac{c_{nn}^{\mathrm{R}}c_{mm}^{\mathrm{R}}}{\mathrm{Re}(d_{nm}\overline{d}_{mn})}} \tag{4-86}$$

图 4-7 给出了当粘弹性阻尼 $\alpha=0,\ 0.000\,5,\ 0.001$ 时,前两阶模态组合振动在 σ-γ_1 平面上的失稳区域. 增大阻尼使的失稳区域边界向的 γ_1 正方向移动,从而在 σ-γ_1 平面上失稳范围变的更狭窄,也就是说,较大的阻尼导致使给定 σ 时,使系统出现失稳的脉动振幅的 γ_1 阀值增大,而给定 γ_1 使在失稳的频率范围范围减小.

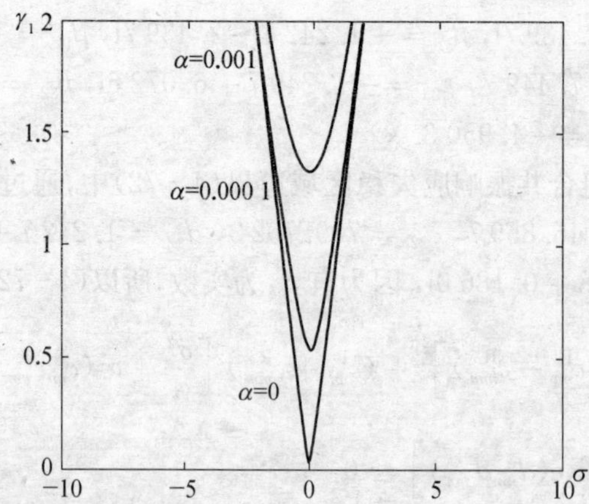

图 4-7　两端铰支组合共振失稳区域受粘弹性阻尼的影响

在次谐波共振的(4-81)式中，有 $d_{11}=-1.0456+1.1879i$，$d_{22}=-0.4182+0.9776i$. 所以失稳区域边界为

$$-2\sqrt{\gamma_1^2|d_{nn}|^2-\alpha^2 c_{nn}^{R^2}}<\sigma<2\sqrt{\gamma_1^2|d_{nn}|^2-\alpha^2 c_{nn}^{R^2}} \tag{4-87}$$

失稳区载内轴向运动脉动振幅满足，

$$\gamma_1>\frac{\alpha|c_{nn}^{R}|}{|d_{nn}|} \tag{4-88}$$

图 4-8 给出了在 σ-γ_1 平面上当 $\alpha=0$，0.02，0.05 时的第一阶次谐波共振的失稳区域，图 4-9 给出了在 σ-γ_1 平面上当 $\alpha=0$，0.001，0.002 时的第二阶次谐波共振的失稳区域. 两种情况下都有：当阻尼系数增大时，失稳区域都会向图上方移动，失稳区域变小.

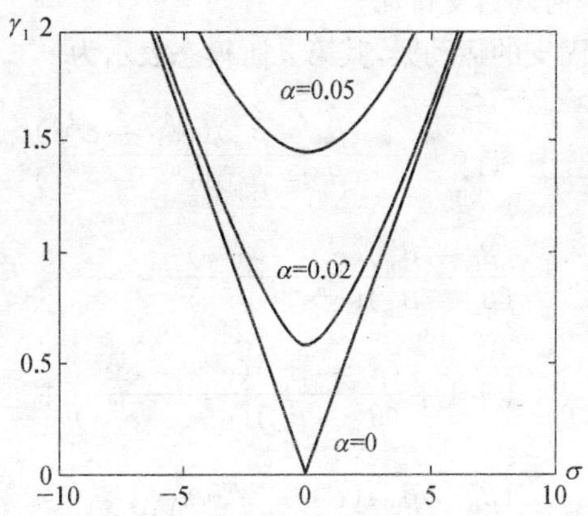

图 4-8　两端铰支第一阶次谐波共振失稳区域受粘弹性阻尼的影响

考查图 4-7，4-8 和 4-9，注意阻尼取值的不同，可以发现：组合共振区域对阻尼系数的变化最为敏感，而相同情况下，第一阶次谐波共振失稳区域的范围最大.

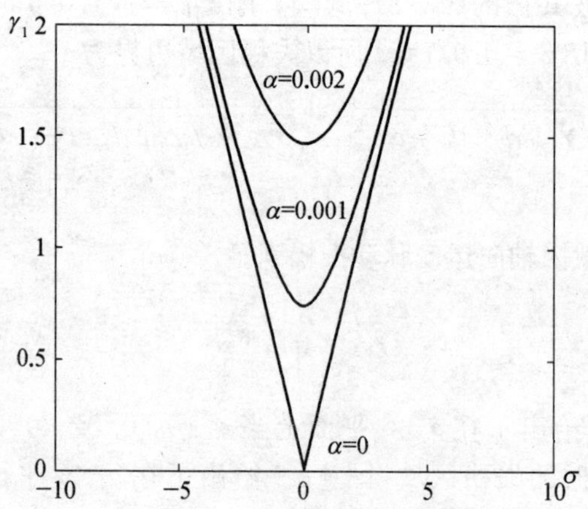

图 4－9　两端铰支第二阶次谐波共振失稳区域受粘弹性阻尼的影响

4.3.2.2　两端固支情况

对于两端固支的运动梁，其第 n 阶模态表示为

$$\phi_n(x)=c_1\left\{ e^{i\beta_{1n}x}-\frac{(\beta_{4n}-\beta_{1n})(e^{i\beta_{3n}}-e^{i\beta_{1n}})}{(\beta_{4n}-\beta_{2n})(e^{i\beta_{3n}}-e^{i\beta_{2n}})}e^{i\beta_{2n}x}- \frac{(\beta_{4n}-\beta_{1n})(e^{i\beta_{3n}}-e^{i\beta_{1n}})}{(\beta_{4n}-\beta_{3n})(e^{i\beta_{3n}}-e^{i\beta_{3n}})}e^{i\beta_{2n}x}+ \left(-1+\frac{(\beta_{4n}-\beta_{1n})(e^{i\beta_{3n}}-e^{i\beta_{1n}})}{(\beta_{4n}-\beta_{2n})(e^{i\beta_{3n}}-e^{i\beta_{2n}})}+ \frac{(\beta_{4n}-\beta_{1n})(e^{i\beta_{3n}}-e^{i\beta_{1n}})}{(\beta_{4n}-\beta_{3n})(e^{i\beta_{3n}}-e^{i\beta_{3n}})}\right)e^{i\beta_{4n}x}\right\} \tag{4-89}$$

考虑刚度 $v_f=0.8$ 和轴向速度 $\gamma=4.0$ 的轴向带有脉动的轴向运动梁. 其固有频率可以由(3－4)与(3－16)式得到 $\omega_1=6.8647$，$\omega_2=43.3456$，而模态函数(4－82)中，第一阶有 $\beta_{11}=6.6676$，$\beta_{21}=-2.4953+2.5344i$，$\beta_{31}=-2.4953-2.5344i$，$\beta_{41}=-1.6771$，第

二阶有 $\beta_{12}=10.2236$，$\beta_{22}=-2.4997+6.9798i$，$\beta_{32}=-2.4997-6.9798i$，$\beta_{42}=-5.2241$.

在和式组合共振响应失稳区域边界(4-72)中，通过数值计算可以得到 $c_{11}=203.4929$，$c_{22}=1893.0621$，$d_{11}=-0.1772-0.2642i$ 及 $d_{22}=-0.0601-0.0895i$，因为有 c_{kk} 为实数，所以(4-72)式化为

$$\left[\frac{\sigma}{2}(c_{nn}^{R}-c_{mm}^{R})\right]^{2}+(c_{nn}^{R}+c_{mm}^{R})^{2}\left[\frac{\sigma^{2}}{4}+\alpha^{2}(c_{nn}^{R}c_{mm}^{R})-\gamma_{1}^{2}\mathrm{Re}(d_{nm}\bar{d}_{mn})\right]=0 \tag{4-90}$$

这样，失稳区域边界简化为

$$-2\sqrt{\frac{\gamma_{1}^{2}\mathrm{Re}(d_{nm}\bar{d}_{mn})-\alpha^{2}c_{nn}^{R}c_{mm}^{R}}{1+\kappa^{2}}}<\sigma<2\sqrt{\frac{\gamma_{1}^{2}\mathrm{Re}(d_{nm}\bar{d}_{mn})-\alpha^{2}c_{nn}^{R}c_{mm}^{R}}{1+\kappa^{2}}} \tag{4-91}$$

其中

$$\kappa=\frac{c_{nn}^{R}-c_{mm}^{R}}{c_{nn}^{R}+c_{mm}^{R}} \tag{4-92}$$

系统失稳的条件为 $c_{nn}^{R}c_{mm}^{R}$ 和 $\mathrm{Re}(d_{nm}\bar{d}_{mn})$ 同号，并且轴向速度的脉动幅值足够大，有

$$\gamma_{1}>\alpha\sqrt{\frac{c_{nn}^{R}c_{mm}^{R}}{\mathrm{Re}(d_{nm}\bar{d}_{mn})}} \tag{4-93}$$

图 4-10 给出了当粘弹性阻尼 $\alpha=0,\ 0.005,\ 0.01$ 时，前两阶模态组合振动在 σ-γ_1 平面上的失稳区域. 增大阻尼使的失稳区域边界向的 γ_1 正方向移动，从而在 σ-γ_1 平面上失稳范围变的更狭窄，也就是说，较大的阻尼导致使给定 σ 时，使系统出现失稳的脉动振幅的 γ_1

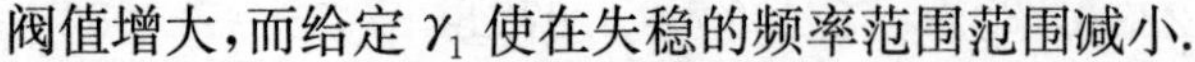

阀值增大，而给定 γ_1 使在失稳的频率范围范围减小.

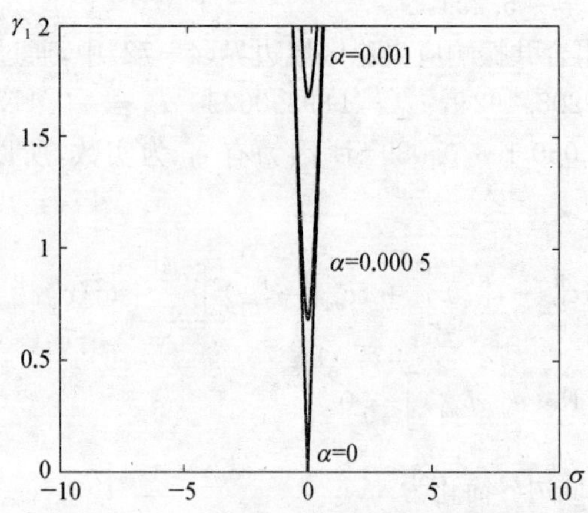

图 4－10　两端固支组合共振失稳区域受粘弹性阻尼的影响

在次谐波共振的(4－81)式中，有 $d_{11}=1.5272-0.6178\mathrm{i}$，$d_{22}=0.7776-0.7987\mathrm{i}$. 所以失稳区域边界为

$$-2\sqrt{\gamma_1^2\,|\,d_{nn}\,|^2-\alpha^2 c_{nn}^{\mathrm{R}^2}}<\sigma<2\sqrt{\gamma_1^2\,|\,d_{nn}\,|^2-\alpha^2 c_{nn}^{\mathrm{R}^2}} \tag{4-94}$$

失稳区载内轴向运动脉动振幅满足，

$$\gamma_1>\frac{\alpha\,|\,c_{nn}^{\mathrm{R}}\,|}{|\,d_{nn}\,|} \tag{4-95}$$

图 4－11 给出了在 σ-γ_1 平面上当 α=0，0.005，0.01 时的第一阶次谐波共振的失稳区域，图 4－12 给出了在 σ-γ_1 平面上当 α=0，0.000 5，0.001 时的第二阶次谐波共振的失稳区域. 两种情况下都有：当阻尼系数增大时，失稳区域都会向图上方移动，失稳区域变小.

考查图 4－10,4－11 和 4－12，注意阻尼取值的不同，同样可以发

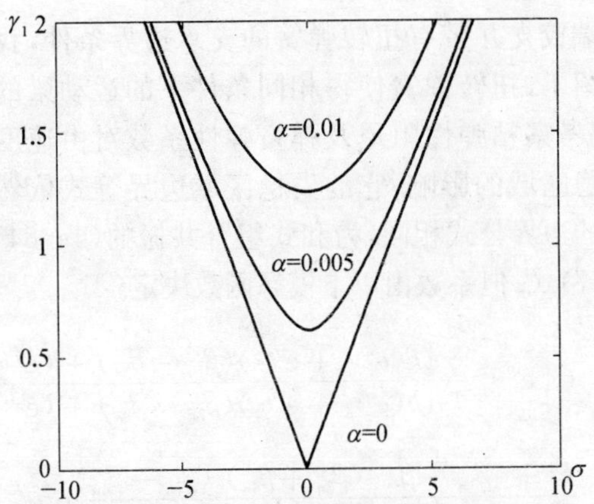

图 4－11　两端固支第一阶次谐波共振失稳区域受粘弹性阻尼的影响

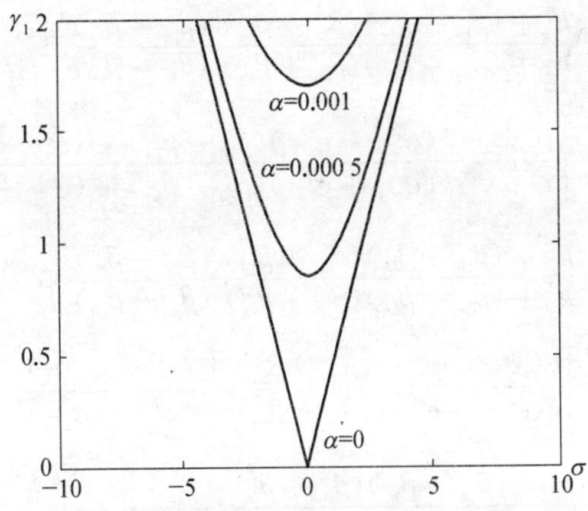

图 4－12　两端固支第二阶次谐波共振失稳区域受粘弹性阻尼的影响

现：组合共振区域对阻尼系数的变化最为敏感，而相同情况下，第一阶次谐波共振失稳区域的范围最大.

4.3.2.3 两端铰支并带有扭转弹簧情况

对于两端铰支并带有扭转弹簧的支承边界条件，我们已经在第三章做过介绍了，扭转弹簧使得相同条件下的运动梁的固有频率变高. 这里我们考察粘弹性阻尼及弹簧弹性系数对由速度脉动造成的参数共振失稳区域的影响. 它的失稳区域边界等式依然与两端铰支与两端固支的边界公式相同，为和式组合共振的(4-84)式与次谐波共振的(4-87)式. 但系数由以下模态函数决定，

$$
\begin{aligned}
\phi_n(x) = C\Bigg\{ & \mathrm{e}^{\mathrm{i}\beta_{1n}x} - \frac{\mathrm{i}k(\mathrm{e}^{\mathrm{i}\beta_{1n}}+\mathrm{e}^{\mathrm{i}\beta_{3n}})(\beta_{1n}-\beta_{3n})+(\mathrm{e}^{\mathrm{i}\beta_{1n}}-\mathrm{e}^{\mathrm{i}\beta_{3n}})}{\mathrm{i}k(\mathrm{e}^{\mathrm{i}\beta_{2n}}+\mathrm{e}^{\mathrm{i}\beta_{3n}})(\beta_{2n}-\beta_{3n})+(\mathrm{e}^{\mathrm{i}\beta_{2n}}-\mathrm{e}^{\mathrm{i}\beta_{3n}})}\times \\
& \frac{k^2+(\beta_{1n}+\beta_{4n})(\beta_{3n}+\beta_{4n})}{k^2+(\beta_{2n}+\beta_{4n})(\beta_{3n}+\beta_{4n})}\frac{(\beta_{1n}-\beta_{4n})}{(\beta_{2n}-\beta_{4n})}\mathrm{e}^{\mathrm{i}\beta_{2n}x} - \\
& \frac{\mathrm{i}k(\mathrm{e}^{\mathrm{i}\beta_{1n}}+\mathrm{e}^{\mathrm{i}\beta_{2n}})(\beta_{1n}-\beta_{2n})+(\mathrm{e}^{\mathrm{i}\beta_{1n}}-\mathrm{e}^{\mathrm{i}\beta_{2n}})}{\mathrm{i}k(\mathrm{e}^{\mathrm{i}\beta_{2n}}+\mathrm{e}^{\mathrm{i}\beta_{3n}})(\beta_{2n}-\beta_{3n})+(\mathrm{e}^{\mathrm{i}\beta_{2n}}-\mathrm{e}^{\mathrm{i}\beta_{3n}})}\times \\
& \frac{k^2+(\beta_{1n}+\beta_{4n})(\beta_{2n}+\beta_{4n})}{k^2+(\beta_{3n}+\beta_{4n})(\beta_{2n}+\beta_{4n})}\frac{(\beta_{1n}-\beta_{4n})}{(\beta_{3n}-\beta_{4n})}\mathrm{e}^{\mathrm{i}\beta_{3n}x} + \\
& \Bigg[-1+\frac{\mathrm{i}k(\mathrm{e}^{\mathrm{i}\beta_{1n}}+\mathrm{e}^{\mathrm{i}\beta_{3n}})(\beta_{1n}-\beta_{3n})+(\mathrm{e}^{\mathrm{i}\beta_{1n}}-\mathrm{e}^{\mathrm{i}\beta_{3n}})}{\mathrm{i}k(\mathrm{e}^{\mathrm{i}\beta_{2n}}+\mathrm{e}^{\mathrm{i}\beta_{3n}})(\beta_{2n}-\beta_{3n})+(\mathrm{e}^{\mathrm{i}\beta_{2n}}-\mathrm{e}^{\mathrm{i}\beta_{3n}})}\times \\
& \frac{k^2+(\beta_{1n}+\beta_{4n})(\beta_{3n}+\beta_{4n})}{k^2+(\beta_{2n}+\beta_{4n})(\beta_{3n}+\beta_{4n})}\frac{(\beta_{1n}-\beta_{4n})}{(\beta_{2n}-\beta_{4n})} + \\
& \frac{\mathrm{i}k(\mathrm{e}^{\mathrm{i}\beta_{1n}}+\mathrm{e}^{\mathrm{i}\beta_{2n}})(\beta_{1n}-\beta_{2n})+(\mathrm{e}^{\mathrm{i}\beta_{1n}}-\mathrm{e}^{\mathrm{i}\beta_{2n}})}{\mathrm{i}k(\mathrm{e}^{\mathrm{i}\beta_{2n}}+\mathrm{e}^{\mathrm{i}\beta_{3n}})(\beta_{2n}-\beta_{3n})+(\mathrm{e}^{\mathrm{i}\beta_{2n}}-\mathrm{e}^{\mathrm{i}\beta_{3n}})}\times \\
& \frac{k^2+(\beta_{1n}+\beta_{4n})(\beta_{2n}+\beta_{4n})}{k^2+(\beta_{3n}+\beta_{4n})(\beta_{2n}+\beta_{1n})}\frac{(\beta_{1n}-\beta_{4n})}{(\beta_{3n}-\beta_{1n})}\Bigg]\mathrm{e}^{\mathrm{i}\beta_{4n}x}\Bigg\}.
\end{aligned}
\tag{4-96}
$$

考虑刚度 $v_f=0.8$，轴向速度 $\gamma=2.0$ 及扭转弹簧弹性系数为 $k=2.0$ 的轴向带有脉动的轴向运动梁. 其固有频率可以由(3-4)与(3-21)

式得到 $\omega_1 = 8.15699$，$\omega_2 = 32.94408$，而模态函数(4-96)中，第一阶有 $\beta_{11} = 4.5654$，$\beta_{21} = -1.2465 + 3.0716i$，$\beta_{31} = -1.2465 - 3.0716i$，$\beta_{41} = -2.0723$，第二阶有 $\beta_{12} = 7.7281$，$\beta_{22} = -1.2498 + 6.3565i$，$\beta_{32} = -1.2498 - 6.3565i$，$\beta_{42} = -5.2286$.

图 4-13，4-14，4-15 分别给出了 $\alpha=0$，0.000 1，0.000 2 时，一阶次谐波共振二阶次谐波共及组合共振失稳区域受粘弹性阻尼的影响. 图中实线代表 $\alpha=0$，虚线代表 $\alpha=0.0001$，点划线代表 $\alpha=0.0002$. 很明显，根据这三图得到的结论与其他边界条件得到的结论相同：组合共振区域对阻尼系数的变化最为敏感，而相同情况下，第一阶次谐波共振失稳区域的范围也是最大.

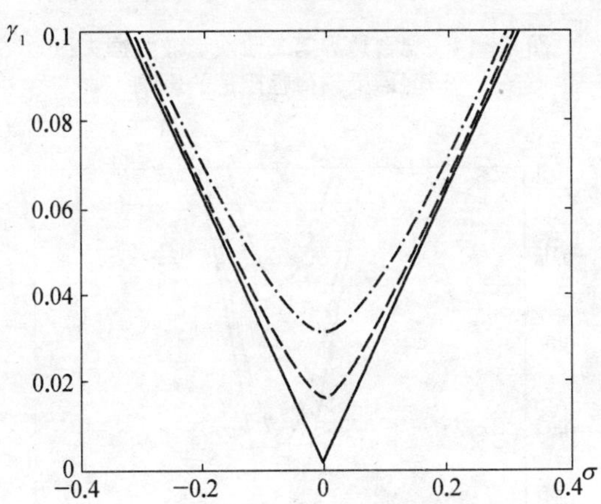

图 4-13　混合边界第一阶次谐波共振失稳区域受粘弹性阻尼的影响

下面我们研究，两端的扭转弹簧弹性系数对失稳区域的影响. 图 4-16，4-17，4-18 给出了当 $v_f=0.8$，$\gamma=2.0$ 及 $\alpha=0.0001$ 时不同弹簧弹性系数对第一阶次谐波共振，第二阶次谐波共振及组合共振的影响. 图中实线表示 $k=1.0$，虚线表示 $k=2.0$，点划线表示 $k=3.0$. 比较不同弹簧弹性系数的共振失稳区域，可以发现，当弹簧的弹性系数增大时，失稳区域会减小. 而实际上，由第三章我们知道，当两

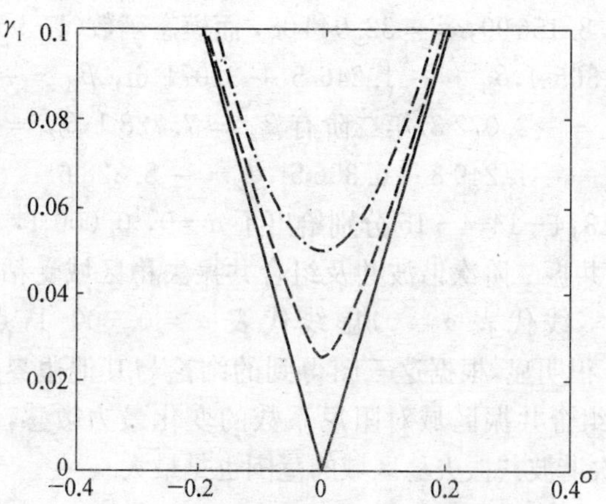

图 4-14　混合边界第二阶次谐波共振失稳区域受粘弹性阻尼的影响

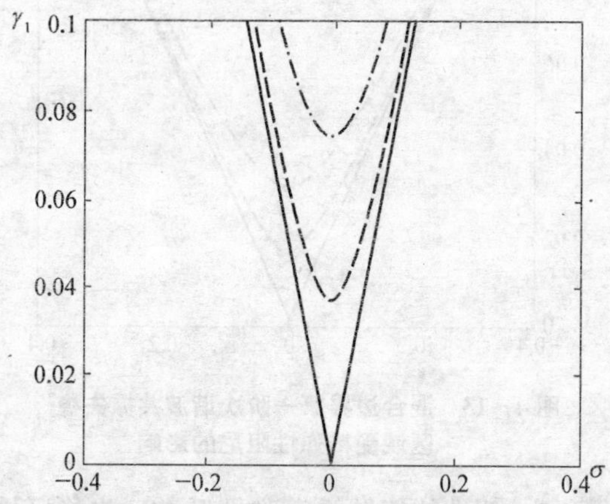

图 4-15　混合边界组合共振失稳区域受粘弹性阻尼的影响

端铰支与两端固支的边界条件是这种混合边界条件的两种特殊情况. 当弹簧弹性系数等于 0 时,混合边界条件变为两端铰支边界条件,而当弹簧弹性系数趋于无穷时,混合边界条件变为两端固支边界条件.

而运动梁的固有频率随着弹簧强度的增大而增大. 在图 4 - 16,4 - 17,4 - 18 中,我们只考虑了脉动的频率在发生共生共振频率附近的情况,并没有考虑弹簧弹性系数对固有频率也就是共振频率大小的影响.

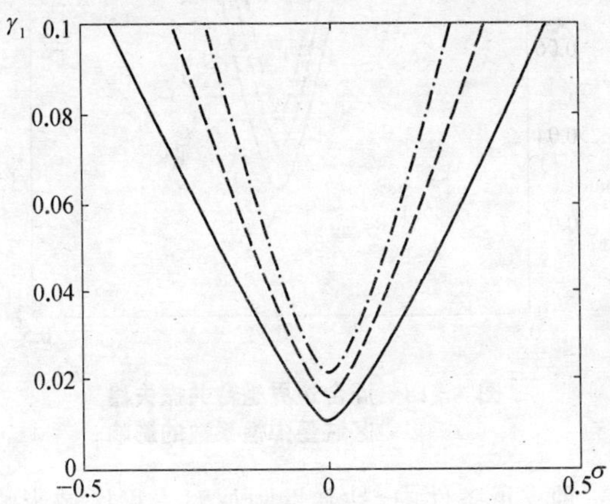

图 4 - 16　混合边界第一阶次谐波共振失稳区域受弹性系数的影响

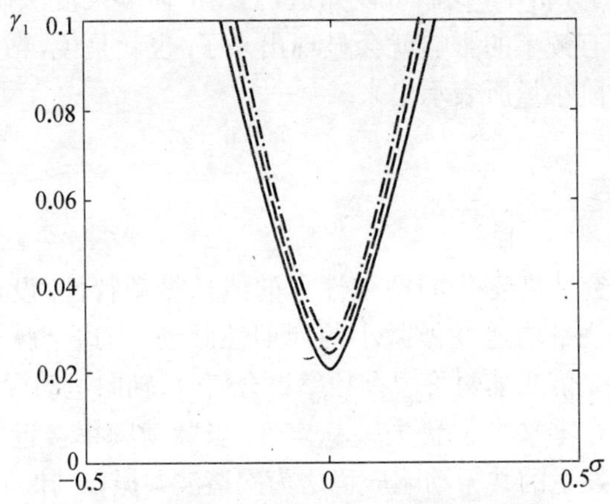

图 4 - 17　混合边界第二阶次谐波共振失稳区域受弹性系数的影响

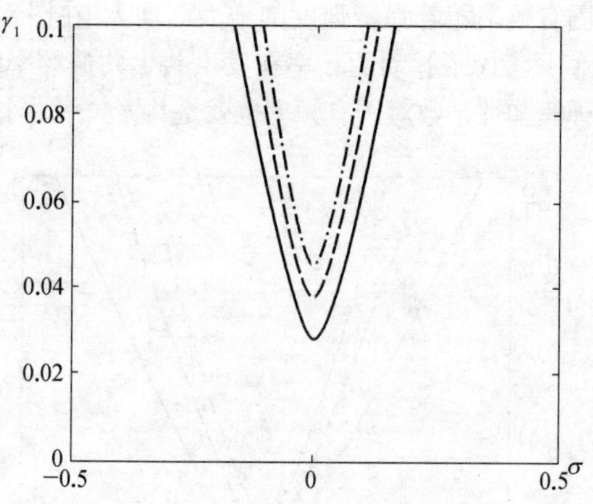

图 4 - 18　混合边界组合共振失稳区域受弹性系数的影响

由以上三种支承条件中，粘弹性阻尼对失稳区域影响的分析中，阻尼并没有对固有频率造成什么影响. 而实际上，粘弹性阻尼也会像轴向速度，刚度或者弹簧的弹性系数那样，对固有频率有一定的影响. 在后面的分析中，我们可以知道，当用 2 阶多尺度法研究时，粘弹性阻尼对固有频率的影响就会显现出来了. 也就是说，粘弹性对阻尼的影响由 2 阶小量所表示出来.

4.4　小结

本章研究速度变化的粘弹性梁的线性振动特性. 设运动梁的轴向速度为围绕平均速度做微小的周期性脉动，当这个脉动频率接近固有频率的 2 倍或某两阶固有频率组合值时，轴向运动梁会出现共振现象而导致在零平衡位置失去稳定性. 当脉动频率接近某阶固有频率的 2 倍而发生的共振动响应称之为次谐波共振；当脉动频率接近某两阶固有频率之和时而产生的共振响应称之为和式组合共振. 本章用平均法及直接多尺度分法分别研究加速度粘弹性运动梁的参激共振问题.

本章给出了三种共振失稳区域,即第一阶次谐波共振、第二阶次谐波共振及组合共振,以及受粘弹性系数影响的情况.相同的参数下,第一阶次谐波共振失稳区域范围最大,而组合共振失稳区域范围最小.粘弹性系数使梁共振失稳区域减小,比较可以发现粘弹性系数对组合共振的影响最大,而对第一阶次谐波共振的影响最小.

第五章　粘弹性运动梁的非线性振动

5.1　前言

本章将分析两种不同的非线性运动梁模型的振动特性，主要考虑非线性对梁振动特性的影响. 对于运动梁的自由振动，非线性的引入，使得各阶固有频率发生变化.

本章还考虑梁的轴向运动速度有周期小扰动，发生参数共振时，因为非线性而产生的稳态幅频响应及其稳定性问题. 并分析了运动速度扰动振幅、粘弹性系数、非线性项系数及不同非线性项对响应曲线的影响.

5.2　非线性对自由振动的影响

考虑运动梁的变形为小量，则控制方程的非线性为弱非线性，在(2-21)及(2-22)式中，若不计粘弹性阻尼，以 $\varepsilon^{0.5}u$ 代替 u 就会得到

$$\frac{\partial^2 u}{\partial t^2}+2\gamma\frac{\partial^2 u}{\partial x\partial t}+\frac{\mathrm{d}\gamma}{\mathrm{d}t}\frac{\partial u}{\partial x}+(\gamma^2-1)\frac{\partial^2 u}{\partial x^2}+v_f^2\frac{\partial^4 u}{\partial x^4}=\frac{3}{2}\varepsilon k_1^2\frac{\partial^2 u}{\partial x^2}\left(\frac{\partial u}{\partial x}\right)^2 \tag{5-1}$$

以及 Wickert 的准静态假设弹性梁控制方程为

$$\frac{\partial^2 u}{\partial t^2}+2\gamma\frac{\partial^2 u}{\partial x\partial t}+\frac{\mathrm{d}\gamma}{\mathrm{d}t}\frac{\partial u}{\partial x}+(\gamma^2-1)\frac{\partial^2 u}{\partial x^2}+v_f^2\frac{\partial^4 u}{\partial x^4}$$

$$=\frac{1}{2}\varepsilon k_1^2\frac{\partial^2 u}{\partial x^2}\int_0^1\left(\frac{\partial u}{\partial x}\right)^2\mathrm{d}x \tag{5-2}$$

下面用多尺度法分析非线性对轴向运动梁固有频率的影响. 设非线性偏微分方程(5-1)和(5-2)式解的形式为

$$u(x,t;\varepsilon)=u_0(x,T_0,T_1)+\varepsilon u_1(x,T_0,T_1)+\cdots \tag{5-3}$$

其中 T_0, T_1 分别表示快尺度和由于非线性造成的慢变尺度. 把(5-3)式及其微分代入(5-1)式,并分离合并相同阶次项,得到

$$\frac{\partial^2 u_0}{\partial T_0^2}+2\gamma\frac{\partial^2 u_0}{\partial T_0\partial x}+(\gamma^2-1)\frac{\partial^2 u_0}{\partial x^2}+k_f^2\frac{\partial^4 u_0}{\partial x^4}=0 \tag{5-4}$$

$$\frac{\partial^2 u_1}{\partial T_0^2}+2\gamma\frac{\partial^2 u_1}{\partial T_0\partial x}+(\gamma^2-1)\frac{\partial^2 u_1}{\partial x^2}+k_f^2\frac{\partial^4 u_1}{\partial x^4}$$

$$=-2\frac{\partial^2 u_0}{\partial T_0\partial T_1}-2v\frac{\partial^2 u_0}{\partial T_1\partial x}+\frac{3}{2}k_1^2\frac{\partial^2 u_0}{\partial x^2}\left(\frac{\partial u_0}{\partial x}\right)^2 \tag{5-5}$$

如果把(5-3)式及其微分代入(5-2)式,就会得到(5-4)式及

$$\frac{\partial^2 u_1}{\partial T_0^2}+2\gamma\frac{\partial^2 u_1}{\partial T_0\partial x}+(\gamma^2-1)\frac{\partial^2 u_1}{\partial x^2}+k_f^2\frac{\partial^4 u_1}{\partial x^4}$$

$$=-2\frac{\partial^2 u_0}{\partial T_0\partial T_1}-2v\frac{\partial^2 u_0}{\partial T_1\partial x}+\frac{k_1^2}{2}\frac{\partial^2 u_0}{\partial x^2}\int_0^1\left(\frac{\partial u_0}{\partial x}\right)^2\mathrm{d}x \tag{5-6}$$

对于线性偏微分方程(5-4)式,不同支承条件下的模态函数和固有频率都已经在第三章计算过,这里我们认识它的解已知,设其解为

$$u_0=\phi_n(x)A_n(T_1)\mathrm{e}^{\mathrm{i}\omega_n T_0}+\bar{\phi}_n(x)\bar{A}_n(T_1)\mathrm{e}^{-\mathrm{i}\omega_n T_0} \tag{5-7}$$

把(5-7)式分别代入(5-5)及(5-6)式,得到

$$\frac{\partial^2 u_1}{\partial T_0^2}+2\gamma\frac{\partial^2 u_1}{\partial T_0\partial x}+(\gamma^2-1)\frac{\partial^2 u_1}{\partial x^2}+k_f^2\frac{\partial^4 u_1}{\partial x^4}$$

$$=-2\gamma(\mathrm{i}\omega_n\phi_n+\gamma\phi'_n)\frac{\mathrm{d}A_n}{\mathrm{d}T_1}\mathrm{e}^{\mathrm{i}\omega_n T_0}+$$

$$\frac{3}{2}k_1^2A_n^2\overline{A}_n\phi'_n(\phi'_n\bar{\phi}''_n+2\phi''_n\bar{\phi}'_n)\mathrm{e}^{\mathrm{i}\omega_n T_0}+cc+NST \tag{5-8}$$

$$\frac{\partial^2 u_1}{\partial T_0^2}+2\gamma\frac{\partial^2 u_1}{\partial T_0\partial x}+(\gamma^2-1)\frac{\partial^2 u_1}{\partial x^2}+k_f^2\frac{\partial^4 u_1}{\partial x^4}$$

$$=-2\gamma(\mathrm{i}\omega_n\phi_n+\gamma\phi'_n)\frac{\mathrm{d}A_n}{\mathrm{d}T_1}\mathrm{e}^{\mathrm{i}\omega_n T_0}+$$

$$k_1^2A_n^2\overline{A}_n\left(\frac{1}{2}\bar{\phi}''_n\int_0^1\phi'^2_n\mathrm{d}x+\bar{\phi}''_n\int_0^1\phi'_n\bar{\phi}'_n\mathrm{d}x_n\right)\mathrm{e}^{\mathrm{i}\omega_n T_0}+cc+NST \tag{5-9}$$

为消除以上两式中的长期项,根据可解性条件可以得到

$$\left\langle\phi_n,-2\gamma(\mathrm{i}\omega_n\phi_n+\gamma\phi'_n)\frac{\mathrm{d}A_n}{\mathrm{d}T_1}\mathrm{e}^{\mathrm{i}\omega_n T_0}+\frac{3}{2}k_1^2A_n^2\overline{A}_n\phi'_n(\phi'_n\bar{\phi}''_n+2\phi''_n\bar{\phi}'_n)\mathrm{e}^{\mathrm{i}\omega_n T_0}\right\rangle=0 \tag{5-10}$$

$$\left\langle\phi_n,-2\gamma(\mathrm{i}\omega_n\phi_n+\gamma\phi'_n)\frac{\mathrm{d}A_n}{\mathrm{d}T_1}\mathrm{e}^{\mathrm{i}\omega_n T_0}+k_1^2A_n^2\overline{A}_n\left(\frac{1}{2}\bar{\phi}''_n\int_0^1\phi'^2_n\mathrm{d}x+\phi''_n\int_0^1\phi'_n\bar{\phi}'_n\mathrm{d}x\right)\mathrm{e}^{\mathrm{i}\omega_n T_0}\right\rangle=0 \tag{5-11}$$

(5-10)及(5-11)式可以写成以下形式

$$\frac{\mathrm{d}A_n}{\mathrm{d}T_1}-\kappa_nA_n^2\overline{A}_n=0 \tag{5-12}$$

对应(5-10)式,(5-12)式中的系数有

$$\kappa_n = \frac{\dfrac{3}{2}\int_0^1 \bar{\phi}_n \bar{\phi}''_n \bar{\phi}'^2_n \mathrm{d}x + 3\int_0^1 \bar{\phi}_n \phi''_n \phi'_n \bar{\phi}'_n \mathrm{d}x}{2\left(\mathrm{i}\omega_n \int_0^1 \bar{\phi}_n \phi_n \mathrm{d}x + \gamma \int_0^1 \bar{\phi}_n \phi'_n \mathrm{d}x\right)} k_1^2 \tag{5-13}$$

对应(5-11)式,(5-12)式中的系数有

$$\kappa_n = \frac{\dfrac{1}{2}\int_0^1 \bar{\phi}_n \bar{\phi}''_n \mathrm{d}x \int_0^1 \bar{\phi}'^2_n \mathrm{d}x + \int_0^1 \phi'_n \bar{\phi}'_n \mathrm{d}x \int_0^1 \bar{\phi}_n \phi''_n \mathrm{d}x}{2\left(\mathrm{i}\omega_n \int_0^1 \bar{\phi}_n \phi_n \mathrm{d}x + \gamma \int_0^1 \bar{\phi}_n \phi'_n \mathrm{d}x\right)} k_1^2 \tag{5-14}$$

把(5-12)式表示成极坐标形式

$$A_n = \alpha_n \mathrm{e}^{\mathrm{i}\beta_n} \tag{5-15}$$

其中 α_n 和 β_n 分别表示梁非线性的幅值和相角,它们都是有关 T_1 的实函数.把(5-15)代入(5-12)式,并把结果分为实部和虚部,得到

$$\frac{\mathrm{d}\alpha_n}{\mathrm{d}T_1} = 0,\ \alpha_n \frac{\mathrm{d}\beta_n}{\mathrm{d}T_1} = \frac{1}{4}\kappa_n^{\mathrm{I}}\alpha_n^3 \tag{5-16}$$

其中 κ_n^{I} 表示 κ_n 的虚部,而数值计算可以证明不同非线性项及不同的支承条件下 κ_n 总是纯虚的.对(5-16)式积分,得到

$$\alpha_n = a_{0n},\ \beta_n = \frac{1}{4}\kappa_n^{\mathrm{I}} a_{0n}^2 T_1 + b_{0n} \tag{5-17}$$

其中 b_{0n} 为常数.把(5-17)式代入(5-15)式,然后把结果代入(5-7)式,我们就可以得到轴向运动梁的第 n 阶受非线性影响的频率.

$$\omega_n^{\mathrm{NL}} = \omega_n + \frac{1}{4}\varepsilon\kappa_n^{\mathrm{I}} a_{0n}^2 \tag{5-18}$$

5.2.1 两端铰支情况

由控制方程(5-1)及(5-2)式可知,非线性的强弱与非线性项系数εk_1^2有关.由(5-18)式则可以得知,非线性对频率的影响体现在$\varepsilon\kappa_n^{\mathrm{I}}$及振动的振幅.从(5-13)及(5-14)可以看出这种关系是显而易见的,即κ_n^{I}与k_1^2成正比.

现在考虑轴向运动的两端铰支梁,设其刚度$k_f=0.8$及非线性系数为$k_1=1.0$,由第三章推导结果,可知使得第一阶固有频率消失的第一阶临界速度为$\gamma_{1\mathrm{cr}}=2.7045$,第二阶临界速度为$\gamma_{2\mathrm{cr}}=5.2728$.在(5-13)及(5-14)式中有

$$\begin{aligned}\phi_n(x)=c_1\Bigg\{&\mathrm{e}^{\mathrm{i}\beta_{1n}x}-\frac{(\beta_{4n}^2-\beta_{1n}^2)(\mathrm{e}^{\mathrm{i}\beta_{3n}}-\mathrm{e}^{\mathrm{i}\beta_{1n}})}{(\beta_{4n}^2-\beta_{2n}^2)(\mathrm{e}^{\mathrm{i}\beta_{3n}}-\mathrm{e}^{\mathrm{i}\beta_{2n}})}\mathrm{e}^{\mathrm{i}\beta_{2n}x}-\\&\frac{(\beta_{4n}^2-\beta_{1n}^2)(\mathrm{e}^{\mathrm{i}\beta_{2n}}-\mathrm{e}^{\mathrm{i}\beta_{1n}})}{(\beta_{4n}^2-\beta_{3n}^2)(\mathrm{e}^{\mathrm{i}\beta_{2n}}-\mathrm{e}^{\mathrm{i}\beta_{3n}})}\mathrm{e}^{\mathrm{i}\beta_{3n}x}+\\&\Bigg(-1+\frac{(\beta_{4n}^2-\beta_{1n}^2)(\mathrm{e}^{\mathrm{i}\beta_{3n}}-\mathrm{e}^{\mathrm{i}\beta_{1n}})}{(\beta_{4n}^2-\beta_{2n}^2)(\mathrm{e}^{\mathrm{i}\beta_{3n}}-\mathrm{e}^{\mathrm{i}\beta_{2n}})}+\\&\frac{(\beta_{4n}^2-\beta_{1n}^2)(\mathrm{e}^{\mathrm{i}\beta_{2n}}-\mathrm{e}^{\mathrm{i}\beta_{1n}})}{(\beta_{4n}^2-\beta_{3n}^2)(\mathrm{e}^{\mathrm{i}\beta_{2n}}-\mathrm{e}^{\mathrm{i}\beta_{3n}})}\Bigg)\mathrm{e}^{\mathrm{i}\beta_{4n}x}\Bigg\}\end{aligned}\tag{5-19}$$

图5-1给出了前两阶模态下,非线性参数κ_n^{I}随轴向速度γ的变化情况.虚线和实线分别表示由(5-13)及(5-14)得到的结果.在这两种模型中,非线性参数都会随着轴向速度的增大而增大,且模态阶数越高非线性越强.两种模型的非线性参数随速度变化的曲线有较大的不同,我们所得到的偏微分非线性参数比Wickert的积分非线性参数要大,尤其是当轴向速度增大时,这二者差别就会更加明显.所以沿梁轴向把应力积分而取平均值,使得非线性减弱.

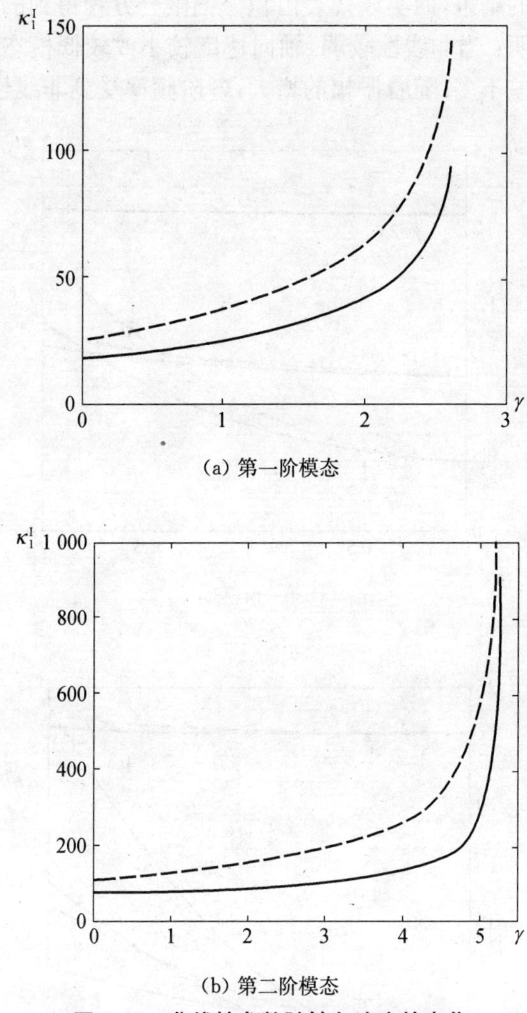

(a) 第一阶模态

(b) 第二阶模态

图 5－1　非线性参数随轴向速度的变化

利用(5－18)及(5－19)式,可以计算梁非线性自由振动的固有频率. 图 5－2 和 5－3 分别给出了 $\varepsilon=0.005$ 和 $\varepsilon=0.05$ 时受非线性影响的固有频率随振幅变化的情况. 在这两幅图中,虚线表示由偏微分控制方程得到的结果，而实线代表由积分偏微分方程得到的结果. 前两阶的情况表明：当非线性较弱，轴向速度较小或较低模态时，两种模型的结果相差不多. 随着振幅的增大，各阶频率受到非线性的影响也

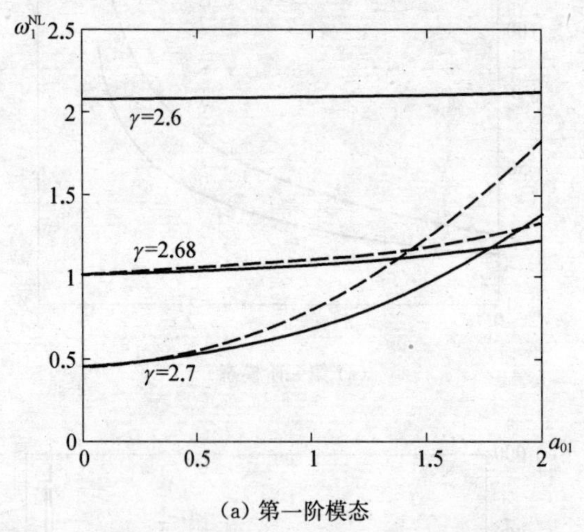

(a) 第一阶模态

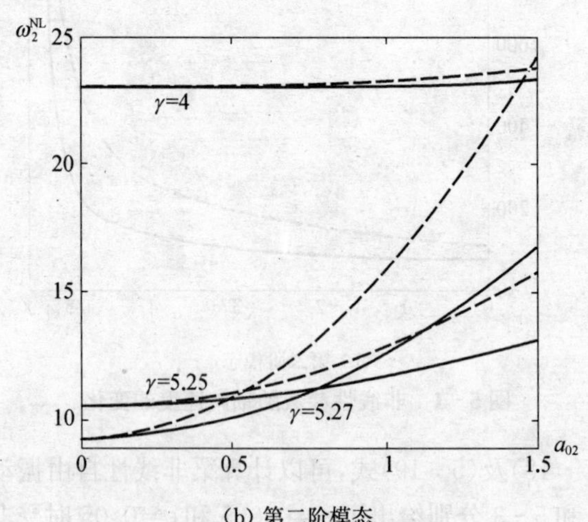

(b) 第二阶模态

图 5-2　两端铰支下非线性频率随振幅的变化(ε=0.005)

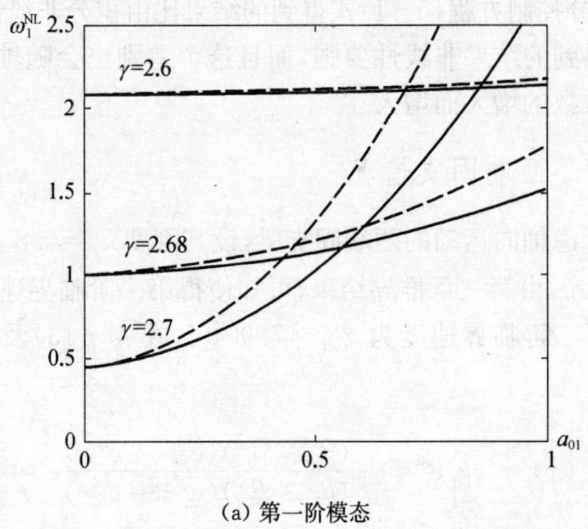

(a) 第一阶模态

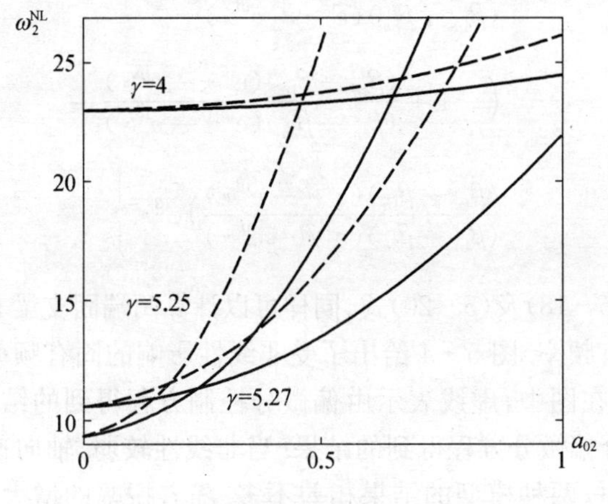

(b) 第二阶模态

图 5-3　两端铰支下非线性频率随振幅的变化(ε=0.05)

会增大；当轴向速度增大时，非线性的影响也会随着增大，尤其当速度接近临界速度时；较高的模态中，非线性的影响也较大，从第一阶和第二阶模态的比较中，这个结论也显而易见. 各参数相同的情况下，由偏微分控制方程(5-1)式得到的结果比由积分非线性控制方程(5-2)式得到的结果非线性要强，而且这个差别也会随轴向速度，振幅及模态阶数的增大而增大.

5.2.2 两端固支情况

现在考虑轴向运动的两端固支梁，设其刚度 $k_f=0.8$ 及非线性系数为 $k_1=1.0$，由第三章推导结果，可知使得第一阶临界速度为 $\gamma_{1\mathrm{cr}}=5.1251$，第二阶临界速度为 $\gamma_{2\mathrm{cr}}=7.9045$. 在(5-13)及(5-14)式中有

$$\begin{aligned}\phi_n(x)=c_1\Bigg\{&\mathrm{e}^{\mathrm{i}\beta_{1n}x}-\frac{(\beta_{4n}-\beta_{1n})(\mathrm{e}^{\mathrm{i}\beta_{3n}}-\mathrm{e}^{\mathrm{i}\beta_{1n}})}{(\beta_{4n}-\beta_{2n})(\mathrm{e}^{\mathrm{i}\beta_{3n}}-\mathrm{e}^{\mathrm{i}\beta_{2n}})}\mathrm{e}^{\mathrm{i}\beta_{2n}x}-\\&\frac{(\beta_{4n}-\beta_{1n})(\mathrm{e}^{\mathrm{i}\beta_{3n}}-\mathrm{e}^{\mathrm{i}\beta_{1n}})}{(\beta_{4n}-\beta_{3n})(\mathrm{e}^{\mathrm{i}\beta_{3n}}-\mathrm{e}^{\mathrm{i}\beta_{3n}})}\mathrm{e}^{\mathrm{i}\beta_{3n}x}+\\&\left(-1+\frac{(\beta_{4n}-\beta_{1n})(\mathrm{e}^{\mathrm{i}\beta_{3n}}-\mathrm{e}^{\mathrm{i}\beta_{1n}})}{(\beta_{4n}-\beta_{2n})(\mathrm{e}^{\mathrm{i}\beta_{3n}}-\mathrm{e}^{\mathrm{i}\beta_{2n}})}+\right.\\&\left.\frac{(\beta_{4n}-\beta_{1n})(\mathrm{e}^{\mathrm{i}\beta_{3n}}-\mathrm{e}^{\mathrm{i}\beta_{1n}})}{(\beta_{4n}-\beta_{3n})(\mathrm{e}^{\mathrm{i}\beta_{3n}}-\mathrm{e}^{\mathrm{i}\beta_{3n}})}\right)\mathrm{e}^{\mathrm{i}\beta_{4n}x}\Bigg\}\end{aligned}\tag{5-20}$$

利用(5-18)及(5-20)式，同样可以计算两端固支梁非线性自由振动的固有频率. 图 5-4 给出了受非线性影响的固有频率随振幅变化的情况. 在图中，虚线表示由偏微分控制方程得到的结果，而实线代表由积分偏微分方程得到的结果. 当非线性较弱，轴向速度较小或较低模态时，两种模型的结果相差不多. 随着振幅的增大，各阶频率受到非线性的影响也会增大；当轴向速度增大时，非线性的影响也会随着增大，尤其当速度接近临界速度时；较高的模态中，非线性的影响也较大. 各参数相同的情况下，由偏微分控制方程(5-1)式得到的结果比由积分非线性控制方程(5-2)式得到的结果非线性要强，而且这个差别也会随轴向速度，振幅及模态阶数的增大而增大.

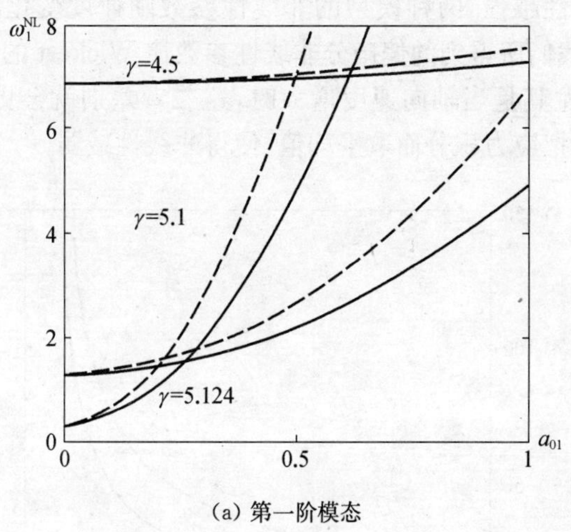

(a) 第一阶模态

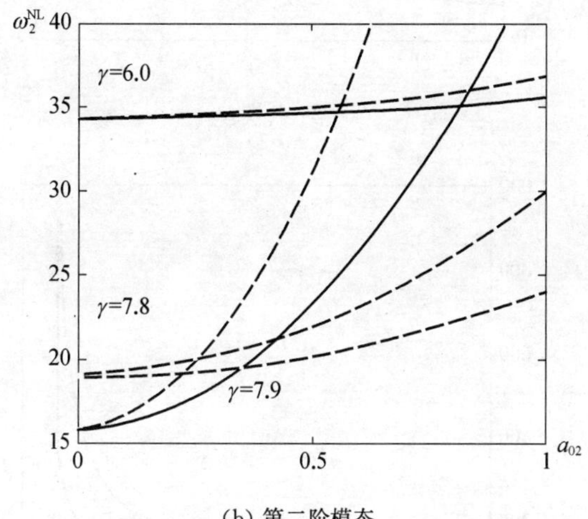

(b) 第二阶模态

图 5-4　两端固支下非线性频率随振幅的变化

图 5-5 给出了前两阶模态下，非线性参数 κ_n^{I} 随轴向速度 γ 的变化情况. 虚线和实线分别表示由(5-13)及(5-14)得到的结果. 在这两种模型中，非线性参数都会随着轴向速度的增大而增大，且模态阶

数越高非线性越强. 两种模型的非线性参数随速度变化的曲线有较大的不同,我们所得到的偏微分非线性参数比 Wickert 的积分非线性参数要大,尤其是当轴向速度增大时,这二者差别就会更加明显. 所以沿梁轴向把应力积分而取平均值,使得非线性减弱.

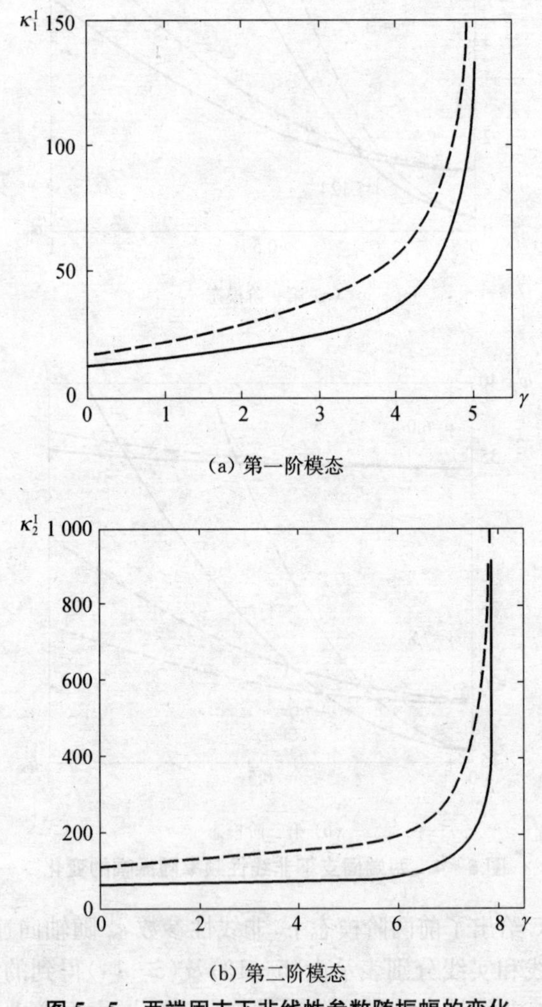

(a) 第一阶模态

(b) 第二阶模态

图 5-5　两端固支下非线性参数随振幅的变化

5.3 非线性加速运动梁振动特性

这一节我们考虑速度带有小扰动量的粘弹性梁的非线性振动，把速度的扰动量粘弹性系数及梁的横向振动都做为小量，则我们可以用摄动法来研究运动梁共振的幅值响应的问题.

5.3.1 两端铰支情况

在(2-22)及(2-23)式中，以 $\varepsilon\alpha$，$\varepsilon^{0.5}u$ 代替 α 和 u，得到得到偏微分控制方程

$$\frac{\partial^2 u}{\partial t^2}+2\gamma\frac{\partial^2 u}{\partial x\partial t}+\frac{\mathrm{d}\gamma}{\mathrm{d}t}\frac{\partial u}{\partial x}+(\gamma^2-1)\frac{\partial^2 u}{\partial x^2}+v_f^2\frac{\partial^4 u}{\partial x^4}+$$

$$\varepsilon\alpha\frac{\partial^5 u}{\partial x^4\partial t}=\frac{3}{2}k_1^2\frac{\partial^2 u}{\partial x^2}\left(\frac{\partial u}{\partial x}\right)^2 \tag{5-21}$$

及积分偏微分方程

$$\frac{\partial^2 u}{\partial t^2}+2\gamma\frac{\partial^2 u}{\partial x\partial t}+\frac{\mathrm{d}\gamma}{\mathrm{d}t}\frac{\partial u}{\partial x}+(\gamma^2-1)\frac{\partial^2 u}{\partial x^2}+v_f^2\frac{\partial^4 u}{\partial x^4}+$$

$$\alpha\frac{\partial^5 u}{\partial x^4\partial t}=\frac{1}{2}k_1^2\frac{\partial^2 u}{\partial x^2}\int_0^1\left(\frac{\partial u}{\partial x}\right)^2\mathrm{d}x \tag{5-22}$$

设梁的轴向速度为在一平均速度附近受周期扰动，

$$\gamma(t)=\gamma_0+\varepsilon\gamma_1\sin\omega t \tag{5-23}$$

把(5-23)代入(5-21)及(5-22)式，得到

$$M\frac{\partial^2 u}{\partial t^2}+G\frac{\partial u}{\partial t}+Ku=\frac{3}{2}\varepsilon k_1^2\frac{\partial^2 u}{\partial x^2}\left(\frac{\partial u}{\partial x}\right)^2-$$

$$2\varepsilon\gamma_1\sin\omega t\frac{\partial^2 u}{\partial x\partial t}-2\varepsilon\gamma_0\gamma_1\sin\omega t\frac{\partial^2 u}{\partial x^2}-$$

$$\varepsilon\omega\gamma_1\cos\omega t\frac{\partial u}{\partial x}-\varepsilon\alpha\frac{\partial^5 u}{\partial x^4\partial t}+O(\varepsilon^2) \tag{5-24}$$

$$M\frac{\partial^2 u}{\partial t^2}+G\frac{\partial u}{\partial t}+Ku=\frac{1}{2}\varepsilon k_1^2\frac{\partial^2 u}{\partial x^2}\int_0^1\left(\frac{\partial u}{\partial x}\right)^2\mathrm{d}x-$$

$$2\varepsilon\gamma_1\sin\omega t\frac{\partial^2 u}{\partial x\partial t}-2\varepsilon\gamma_0\gamma_1\sin\omega t\frac{\partial^2 u}{\partial x^2}-$$

$$\varepsilon\omega\gamma_1\cos\omega t\frac{\partial u}{\partial x}-\varepsilon\alpha\frac{\partial^5 u}{\partial x^4\partial t}+O(\varepsilon^2) \tag{5-25}$$

其中质量数子,陀螺数子及线性刚度数子分别定义如下

$$M=I,G=2\gamma_0\frac{\partial}{\partial x},K=(\gamma_0^2-1)\frac{\partial^2}{\partial x^2}+v_f^2\frac{\partial^4}{\partial x^4} \tag{5-26}$$

首先我们用多尺度法解非线性偏微分方程(5-24).设一阶的近似解为

$$u(x,t;\varepsilon)=u_0(x,T_0,T_1)+\varepsilon u_1(x,T_0,T_1)+O(\varepsilon^2) \tag{5-27}$$

其中 $T_0=\tau$ 表示以系统的某一阶未扰固有频率 ω_k 运动的快尺度, $T_1=\varepsilon\tau$ 表示因非线性、粘弹性及可能的共振而导致的振幅及相位慢变的小时间尺度.把(5-27)式及其导数

$$\frac{\partial}{\partial t}=\frac{\partial}{\partial T_0}+\varepsilon\frac{\partial}{\partial T_1}+O(\varepsilon^2),\frac{\partial^2}{\partial t^2}=\frac{\partial^2}{\partial T_0^2}+2\varepsilon\frac{\partial^2}{\partial T_0\partial T_1}+O(\varepsilon^2) \tag{5-28}$$

代入(5-24)并分离 ε^0 及 ε 阶,使之相等,得到

$$M\frac{\partial^2 u_0}{\partial T_0^2}+G\frac{\partial u_0}{\partial T_0}+Ku_0=0 \tag{5-29}$$

$$M\frac{\partial^2 u_1}{\partial T_0^2}+G\frac{\partial u_1}{\partial T_0}+Ku_1=\frac{3}{2}k_1^2\frac{\partial^2 u_0}{\partial x^2}\left(\frac{\partial u_0}{\partial x}\right)-$$

$$2\frac{\partial^2 u_0}{\partial T_0\partial T_1}-2\gamma_0\frac{\partial^2 u_0}{\partial x\partial T_1}-2\gamma_1\sin\omega t\left(\frac{\partial^2 u_0}{\partial x\partial T_0}+\gamma_0\frac{\partial^2 u_0}{\partial x^2}\right)-$$

$$\gamma_1\omega\cos\omega t\frac{\partial u_0}{\partial x}-\alpha\frac{\partial^5 u_0}{\partial x^4\partial T_0}\tag{5-30}$$

考虑边界条件

$$u(0,\ t)=u(1,\ t)=0,\ \left.\frac{\partial^2 u}{\partial x^2}\right|_{x=0}=\left.\frac{\partial^2 u}{\partial x^2}\right|_{x=1}=0\tag{5-31}$$

那么(5-29)的解可以由第三章内容而解得其固有频率及模态函数为

$$\phi_n(x)=c_1\left\{\mathrm{e}^{\mathrm{i}\beta_{1n}x}-\frac{(\beta_{4n}^2-\beta_{1n}^2)(\mathrm{e}^{\mathrm{i}\beta_{3n}}-\mathrm{e}^{\mathrm{i}\beta_{1n}})}{(\beta_{4n}^2-\beta_{2n}^2)(\mathrm{e}^{\mathrm{i}\beta_{3n}}-\mathrm{e}^{\mathrm{i}\beta_{2n}})}\mathrm{e}^{\mathrm{i}\beta_{2n}x}-\right.$$

$$\frac{(\beta_{4n}^2-\beta_{1n}^2)(\mathrm{e}^{\mathrm{i}\beta_{2n}}-\mathrm{e}^{\mathrm{i}\beta_{1n}})}{(\beta_{4n}^2-\beta_{3n}^2)(\mathrm{e}^{\mathrm{i}\beta_{2n}}-\mathrm{e}^{\mathrm{i}\beta_{3n}})}\mathrm{e}^{\mathrm{i}\beta_{3n}x}+$$

$$\left(-1+\frac{(\beta_{4n}^2-\beta_{1n}^2)(\mathrm{e}^{\mathrm{i}\beta_{3n}}-\mathrm{e}^{\mathrm{i}\beta_{1n}})}{(\beta_{4n}^2-\beta_{2n}^2)(\mathrm{e}^{\mathrm{i}\beta_{3n}}-\mathrm{e}^{\mathrm{i}\beta_{2n}})}+\right.$$

$$\left.\left.\frac{(\beta_{4n}^2-\beta_{1n}^2)(\mathrm{e}^{\mathrm{i}\beta_{2n}}-\mathrm{e}^{\mathrm{i}\beta_{1n}})}{(\beta_{4n}^2-\beta_{3n}^2)(\mathrm{e}^{\mathrm{i}\beta_{2n}}-\mathrm{e}^{\mathrm{i}\beta_{3n}})}\right)\mathrm{e}^{\mathrm{i}\beta_{4n}x}\right\}\tag{5-32}$$

其中 $\beta_{jn}(j=1,\ 2,\ 3,\ 4)$ 为以下方程的根

$$k_f^4\beta_{jn}^4+(1-\gamma^2)\beta_{jn}^2-2\omega_n\beta_{jn}-\omega_n^2=0\tag{5-33}$$

下面我们分析当速度的扰动频率 ω 接近梁的某阶未扰系统固有频率的 2 倍时，可能发生的次谐波共振问题. 分析第 n 阶的次谐波共振，不失一般性，设偏微分方程解只包含第 n 阶的模态

$$u_0(x,\ T_0,\ T_1)=\phi_n(x)A_n(T_1)\mathrm{e}^{\mathrm{i}\omega_n T_0}+cc \qquad (5-34)$$

其中 cc 表示右端前面各项的复数共轭. 引入调谐参数 σ 来表示扰动频率 ω 离开 $2\omega_n$ 的程度, ω 可以表示为

$$\omega=2\omega_n+\varepsilon\sigma \qquad (5-35)$$

把(5-34)及(5-35)式代入(5-30)式,得到

$$M\frac{\partial^2 u_1}{\partial T_0^2}+G\frac{\partial u_1}{\partial T_0}+Ku_1=\Big[-2\dot{A}_n(\mathrm{i}\omega_n\phi_n+\gamma_0\phi'_n)+\mathrm{i}\gamma_0\gamma_1\bar{\phi}''_n\bar{\phi}_n\mathrm{e}_n^{\mathrm{i}\sigma T_1}-\mathrm{i}\alpha\omega_n A_n\phi''''+k_1^2\Big(\frac{3}{2}\bar{\phi}''_n\phi'^2_n+3\phi''_n\phi'_n\bar{\phi}'_n\Big)A_n^2\bar{A}_n\Big]\mathrm{e}^{\mathrm{i}\omega_n T_0}+cc+NST \qquad (5-36)$$

其中符号上的点表示对时间慢尺度 T_1 求导,符号右上角上的撇表示对无量纲化的轴向坐标 x 求导, NST 表示所有不会为方程引入长期项的部分.

如果(5-36)满足可解性条件则有非零解,可解性条件要求(5-36)式中右端可能导致长期项的部分与其伴随方程的齐次解正交,于是有

$$\Big\langle-2\dot{A}_n(\mathrm{i}\omega_n\phi_n+\gamma_0\phi'_n)+\mathrm{i}\gamma_0\gamma_1\bar{\phi}''_n\bar{\phi}_n\mathrm{e}^{\mathrm{i}\sigma T_1}-\mathrm{i}\alpha\omega_n A_n\phi''''_n+k_1^2\Big(\frac{3}{2}\bar{\phi}''_n\phi'^2_n+3\phi''_n\phi'_n\bar{\phi}'_n\Big)A_n^2\bar{A}_n,\phi_n\Big\rangle=0 \qquad (5-37)$$

复函数 $f(x)$ 和 $g(x)$ 在域[0, 1]上的内积定义如下

$$\langle f,\ g\rangle=\int_0^1 f\bar{g}\,\mathrm{d}x \qquad (5-38)$$

展开(5-37)式得到

$$\dot{A}_n+\alpha\mu_n A_n+\gamma_1\chi_n\bar{A}_m\mathrm{e}^{\mathrm{i}\sigma T_1}+k_1^2\kappa_n A_n^2\bar{A}_n=0 \qquad (5-39)$$

其中

$$\mu_n = \frac{\mathrm{i}\omega_n \int_0^1 \phi''''_n \bar{\phi}_n \mathrm{d}x}{2\left(\mathrm{i}\omega_n \int_0^1 \phi_n \bar{\phi}_n \mathrm{d}x + \gamma_0 \int_0^1 \phi'_n \bar{\phi}_n \mathrm{d}x\right)},$$

$$\chi_n = -\frac{\mathrm{i}\gamma_0 \int_0^1 \bar{\phi}''_n \bar{\phi}_n \mathrm{d}x}{2\left(\mathrm{i}\omega_n \int_0^1 \phi_n \bar{\phi}_n \mathrm{d}x + \gamma_0 \int_0^1 \phi'_n \bar{\phi}_n \mathrm{d}x\right)} \tag{5-40}$$

以及

$$\kappa_n = \frac{\frac{3}{2}\int_0^1 \bar{\phi}_n \bar{\phi}''_n \bar{\phi}'^2_n \mathrm{d}x + 3\int_0^1 \bar{\phi}_n \phi''_n \phi'_n \bar{\phi}'_n \mathrm{d}x}{2\left(\mathrm{i}\omega_n \int_0^1 \bar{\phi}_n \phi_n \mathrm{d}x + \gamma_0 \int_0^1 \bar{\phi}_n \phi'_n \mathrm{d}x\right)} \tag{5-41}$$

系数 μ_n，χ_n，和 κ_n 由未扰系统(5-29)式的模态有关，模态函数与轴向平均速度 γ_0 和刚度 k_f 有关，而与粘弹性阻尼 α 速度扰动振幅 γ_1 及非线性系数 k_1 无关.

对于由(5-25)式控制的系统次谐波共振响应也可以用多尺度法以类似的方法解得. 利用可解性条件依然可以得到式(5-39)，系数 μ_n，χ_n 的表达式与(5-40)同，而系数 κ_n 的表达式由下式决定

$$\kappa_n = \frac{\frac{1}{2}\int_0^1 \bar{\phi}_n \bar{\phi}''_n \mathrm{d}x \int_0^1 \bar{\phi}'^2_n \mathrm{d}x + \int_0^1 \phi'_n \bar{\phi}'_n \mathrm{d}x \int_0^1 \bar{\phi}_n \phi''_n \mathrm{d}x}{2\left(\mathrm{i}\omega_n \int_0^1 \bar{\phi}_n \phi_n \mathrm{d}x + \gamma_0 \int_0^1 \bar{\phi}_n \phi'_n \mathrm{d}x\right)} \tag{5-42}$$

下面研究共振响应曲线及其稳定性问题. 把(5-39)式写成极坐标形式

$$A_n(T_1) = a_n(T_1)\mathrm{e}^{\mathrm{i}\varphi_n(T_1)} \tag{5-43}$$

在(5-43)式中,$a_n(T_1)$及$\varphi_n(T_1)$分别表示第n阶次谐波共振响应的幅值和相角,这两个有关T_1的函数为实数函数.利用两端铰支情况下的模态函数(5-32)式,可以用数值方法计算得知

$$\mathrm{Re}(\mu_n)>0,\ \mathrm{Im}(\mu_n)=0;\ \mathrm{Re}(\kappa_n)=0,\ \mathrm{Im}(\kappa_n)>0 \tag{5-44}$$

把(5-43)及(5-44)式代入(5-39)式并分离实部与虚部得到

$$\begin{aligned} a_n' &= [\alpha\mathrm{Re}(\mu_n)+\gamma_1\mathrm{Im}(\chi_n)\sin\theta_n-\gamma_1\mathrm{Re}(\chi_n)\cos\theta_n]a_n \\ a_n\theta_n' &= a_n\sigma+2\gamma_1[\mathrm{Re}(\chi_n)\sin\theta_n+\mathrm{Im}(\chi_n)\cos\theta_n]a_n-\frac{1}{2}v_1^2\mathrm{Im}(\kappa_n)a_n^3 \end{aligned} \tag{5-45}$$

其中

$$\theta_n=\sigma T_1-2\varphi_n \tag{5-46}$$

对于稳态响应,(5-45)式中的振幅a_n及新引入的相角θ_n为常数.令$a_n'=0$及$\theta_n'=0$并利用这两个等式消去θ_n得到

$$\alpha^2[\mathrm{Re}(\mu_n)]^2+\left[-\frac{\sigma}{2}+\frac{1}{4}k_1^2\mathrm{Im}(\kappa_n)a_n^2\right]^2=\gamma_1^2[\mathrm{Re}(\chi_n)]^2+\gamma_1^2[\mathrm{Im}(\chi_n)]^2 \tag{5-47}$$

很明显(5-39)式有零解,它表示运动梁的平衡位置,另外它有由(5-47)式决定的非零解,可以写做

$$a_{n1,2}=\frac{\sqrt{\mathrm{Im}(\kappa_n)}}{k_1}\sqrt{2\sigma\pm 4\sqrt{\gamma_1^2|\chi_n|^2-\alpha^2[\mathrm{Re}(\mu_n)]^2}} \tag{5-48}$$

非零解表示系统次谐波共振的非零幅值响应.由(5-48)式可知,幅值响应存在需要满足如下条件

$$\alpha\leqslant\frac{\gamma_1|\chi_n|}{\mathrm{Re}(\mu_n)} \tag{5-49}$$

及

$$\sigma \geqslant \sigma_{1,2} = \mp 2\sqrt{\gamma_1^2 |\chi_n|^2 - \alpha^2[\mathrm{Re}(\mu_n)]^2} \tag{5-50}$$

为了判断零解的稳定性,把扰动系统(5－39)式的解表示为如下表示为如下形式

$$A_n(T_1) = \frac{1}{2}[p_n(T_1) + \mathrm{i}q_n(T_1)]\mathrm{e}^{\frac{\sigma T_1}{2}\mathrm{i}} \tag{5-51}$$

其中 p_n 和 q_n 为有关 T_1 的实函数. 把(5－44)式及(5－51)式代入(5－39)式,并把结果分离实部与虚部得到

$$\dot{p}_n = -[\alpha\mathrm{Re}(\mu_n) + \gamma_1\mathrm{Re}(\chi_n)]p_n + \left[\frac{\sigma}{2} - \gamma_1\mathrm{Im}(\chi_n)\right]q_n - \frac{1}{4}k_1^2\mathrm{Im}(\kappa_n)(p_n^2 + q_n^2)q_n$$

$$\dot{q}_n = -\left[\frac{\sigma}{2} + \gamma_1\mathrm{Im}(\chi_n)\right]p_n - [\alpha\mathrm{Re}(\mu_n) - \gamma_1\mathrm{Re}(\chi_n)]q_n + \frac{1}{4}k_1^2\mathrm{Im}(\kappa_n)(p_n^2 + q_n^2)p_n \tag{5-52}$$

计算(5－52)式右端在(0, 0)的 Jacob 矩阵

$$\begin{pmatrix} -\alpha\mathrm{Re}(\mu_n) - \gamma_1\mathrm{Re}(\chi_n) & \frac{\sigma}{2} - \gamma_1\mathrm{Im}(\chi_n) - \\ \frac{\sigma}{2} - \gamma_1\mathrm{Im}(\chi_n) & -\alpha\mathrm{Re}(\mu_n) + \gamma_1\mathrm{Re}(\chi_n) \end{pmatrix} \tag{5-53}$$

计算它的特征方程为

$$\lambda^2 + 2\alpha\mathrm{Re}(\mu_n)\lambda - \gamma_1^2|\chi_n|^2 + \alpha^2[\mathrm{Re}(\mu_n)]^2 + \left(\frac{\sigma}{2}\right)^2 = 0 \tag{5-54}$$

利用 Routh-Hurwitz 判据,(5－52)式 0 解的稳定条件为

$$\sigma < \sigma_1 = -2\sqrt{\gamma_1^2 |\chi_n|^2 - \alpha^2[\mathrm{Re}(\mu_n)]^2} \tag{5-55}$$

或者

$$\sigma > \sigma_2 = 2\sqrt{\gamma_1^2 |\chi_n|^2 - \alpha^2[\mathrm{Re}(\mu_n)]^2} \tag{5-56}$$

不然,则零解不稳定.

分析非零解的稳定性,在 $a_n \neq 0$ 条件下,由(5-45)得到

$$\begin{aligned} a'_n &= [\alpha \mathrm{Re}(\mu_n) + \gamma_1 \mathrm{Im}(\chi_n)\sin\theta_n - \gamma_1 \mathrm{Re}(\chi_n)\cos\theta_n]a_n \\ \theta'_n &= \sigma + 2\gamma_1[\mathrm{Re}(\chi_n)\sin\theta_n + \mathrm{Im}(\chi_n)\cos\theta_n] - \frac{1}{2}v_1^2 \mathrm{Im}(\kappa_n)a_n^2 \end{aligned} \tag{5-57}$$

(4-45)式的稳定性可由上式的 Jacob 矩阵在由(5-48)式决定的解 $(a_{n1,2}, \theta_{n1,2})$ 上特征值决定

$$\begin{pmatrix} 0 & \pm\gamma_1\sqrt{\gamma_1^2|\chi_n|^2 - \alpha^2[\mathrm{Re}(\mu_n)]^2}\,a_{n1,2} - \\ v_1^2\mathrm{Im}(\kappa_n)a_{n1,2} & -2\alpha\mathrm{Re}(\mu_n) \end{pmatrix} \tag{5-58}$$

解 $(a_{n1,2}, \theta_{n1,2})$ 还满足

$$\begin{aligned} &\alpha\mathrm{Re}(\mu_n) + \gamma_1\mathrm{Im}(\chi_n)\sin\theta_{n1,2} - \gamma_1\mathrm{Re}(\chi_n)\cos\theta_{n1,2} = 0 \\ &\sigma + 2\gamma_1[\mathrm{Re}(\chi_n)\sin\theta_{n1,2} + \mathrm{Im}(\chi_n)\cos\theta_{n1,2}] - \frac{1}{2}v_1^2\mathrm{Im}(\kappa_n)a_{n1,2}^2 = 0 \end{aligned} \tag{5-59}$$

利用上式,(5-58)式的特征方程为

$$\lambda^2 + 2\alpha\mathrm{Re}(\mu_n)\lambda \pm \gamma_1 v_1^2\mathrm{Im}(\kappa_n)a_{n1,2}^2\sqrt{\gamma_1^2|\chi_n|^2 - \alpha^2[\mathrm{Re}(\mu_n)]^2} = 0 \tag{5-60}$$

利用 Routh-Hurwitz 判据,第一个非零解总为稳定,而第二非零解总为不稳定的. 由以上稳定性的结果可知,非线性稳定性系统与

线性系统的稳定性结果在中心平衡位置时相同. 在零平衡位置上存在失稳范围,它的失稳起始点对应于非零平衡解的第一条解曲线,而失稳范围的右端点对应于非零平衡位置的第二条解曲线.

下面我们用实例来讨论非线性加速度粘弹性梁的次谐波共振响应及各个参数的影响. 考虑两端铰支运动梁的刚度 $v_f=0.8$ 平均速度 $\gamma_0=2.0$. 未扰系统(5-29)式的前两阶固有频率为 $\omega_1=5.3692$ 和 $\omega_2=30.1200$,而对应于两端铰支运动梁前两阶模态(5-32)式的特征根有 $\beta_{11}=3.9906$, $\beta_{21}=-1.2424+2.4397\mathrm{i}$, $\beta_{31}=-1.2424-2.4397\mathrm{i}$, $\beta_{41}=-1.5058$ 以及 $\beta_{12}=7.4497$, $\beta_{22}=-1.2497+6.0726\mathrm{i}$, $\beta_{32}=-1.2497-6.0726\mathrm{i}$, $\beta_{42}=-4.9503$. 由(5-40)式得到 $\mu_1=45.8597$, $\chi_1=-1.0456+1.1879\mathrm{i}$, $\mu_2=709.7023$, $\chi_2=-0.4182+0.9776\mathrm{i}$.

对于带有偏微分非线性项的控制方程(5-1)式,由(5-41)式得到 $\kappa_1=61.8985\mathrm{i}$,和 $\kappa_2=156.8368\mathrm{i}$. 利用(5-54)式及(5-60)式的特征值的符号,可以得到有关振幅及调谐参数的前两阶次谐波响应曲线及平衡解的稳定性. 图(5-6)给出了 $\gamma_1=1.0$, $k_1=0.2$ 及 $\alpha=0.01$ (图 5-6(a)),0.001(图 5-6 (b))时,系统的平衡解及解的稳定

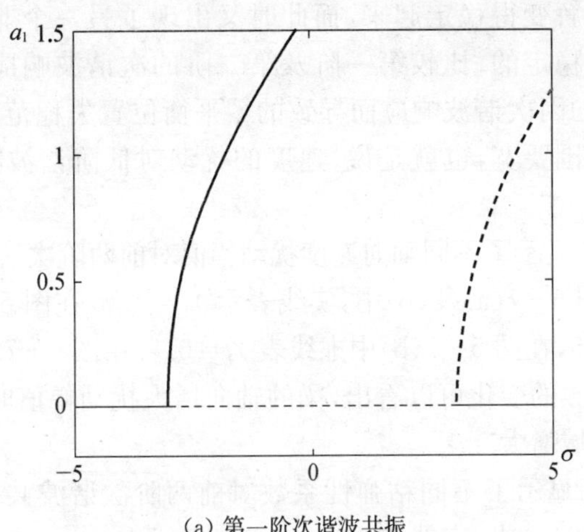

(a) 第一阶次谐波共振

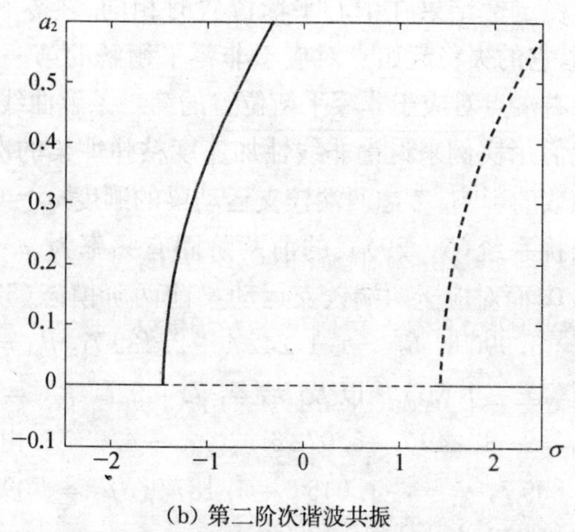

(b) 第二阶次谐波共振

图 5-6　谐波共振响应曲线及稳定性(偏微分非线性项)

性,图中实线表示稳定解而虚线表示非稳定解. 对于第一阶及第二阶的次谐波共振响应图(5-6)中,当 $\sigma < \sigma_1$ 时,只存在零平衡位置,且为稳定解;当 $\sigma = \sigma_1$ 时,零平衡解失去稳定性,同时出现一个稳定的非零解;随着 σ 的增大,非零响应的幅值也会增大;当到达 $\sigma = \sigma_2$ 时,不稳定的零解变得稳定起来,而此时又出现了另一个非零解,但是这个解是不稳定的. 比较第一阶及第二阶的次谐波响应图,可以看出,第一阶的因次谐波响应而导致的零平衡位置失稳范围要比第二阶的失稳范围要宽,也就是说,速度的扰动对低阶谐波共振的影响更为明显.

图 5-7 显示了不同轴向速度扰动幅值对前两阶次谐波共振响应的影响. 在图 5-7(a)及(b)中,实线表示 $\gamma_1 = 1.0$,在图 5-7(a)中虚线表 $\gamma_1 = 0.5$,在图 5-7(b)中虚线表 $\gamma_1 = 0.8$. 由图 5-7 中的响应曲线随调谐参数的变化可以看出,梁的轴向增大扰动幅值时,零平衡位置的失稳区域增大.

图 5-8 显示了不同粘弹性系数对前两阶次谐波共振响应的影响. 在图 5-8(a)中,实线表示 $\alpha = 0.01$,虚线表 $\alpha = 0.03$,在图 5-8

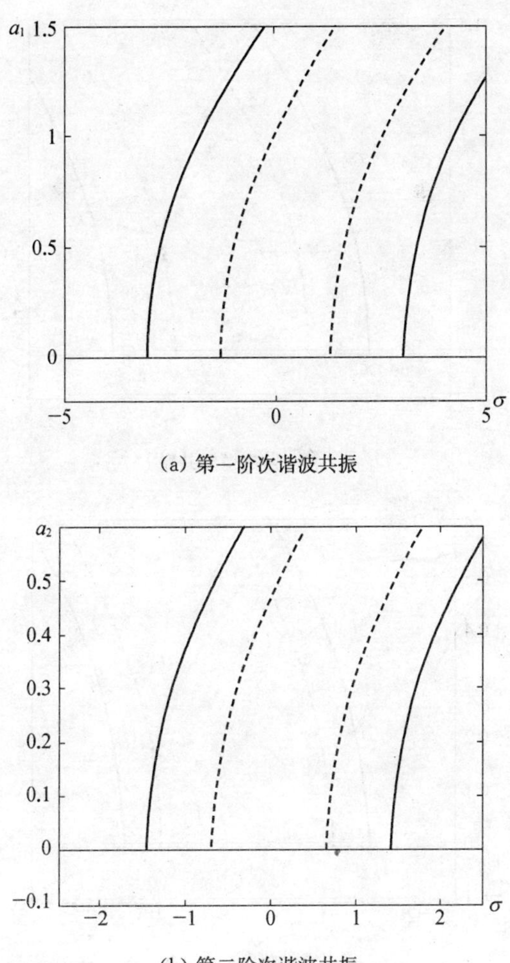

(a) 第一阶次谐波共振

(b) 第二阶次谐波共振

图 5－7　速度扰动幅值对谐波共振响应曲线的影响(偏微分非线性项)

(b)中，实线表示 $\alpha=0.001$，虚线表示 $\alpha=0.0012$. 由图 5－8 中不同的粘弹性系数对响应曲线的影响可以看出，梁材料的粘弹性增大时，零平衡位置的失稳区域会减小，也就是说大的粘弹性使梁不易产生次谐波共振.

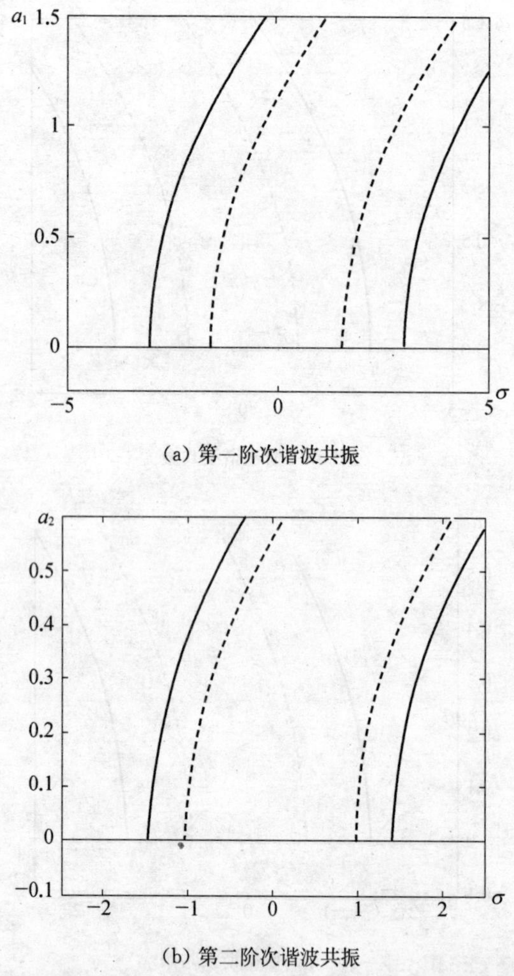

(a) 第一阶次谐波共振

(b) 第二阶次谐波共振

图 5-8　粘弹性系数对谐波共振响应曲线的影响(偏微分非线性项)

图 5-9 描述了非线性系数的影响,其中实线 $k_1=0.2$ 表示而虚线表示 $k_1=0.25$. 由第一阶及第二阶次谐波共振受非线性系数的影响可以看出:稳定及非稳定的两条非零解曲线的振幅都会因为非线性系数的增大而减小,而失稳范围则不会受非线性项的影响. 非线性

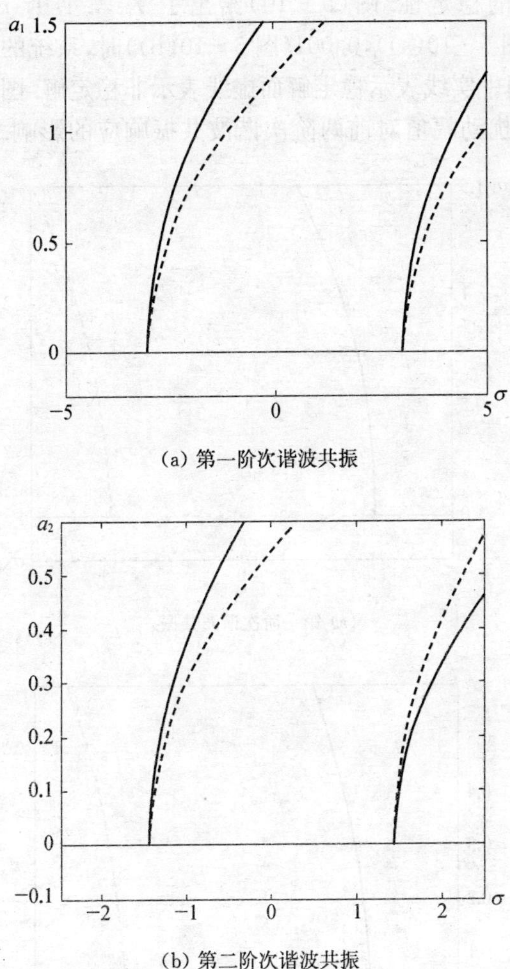

(a) 第一阶次谐波共振

(b) 第二阶次谐波共振

图 5-9　非线性系数对谐波共振响应曲线的影响(偏微分非线性项)

项起到了一种类似阻尼的作用.

对于带有积分非线性项的控制方程(5-2)式,由(5-41)式得到 $\kappa_1 = 40.9617\text{i}$, $\kappa_2 = 94.4142\text{i}$. 利用(5-54)式及(5-60)式的特征值的符号,同样可以得到有关振幅及调谐参数的前两阶次谐波响应曲线及平衡解的稳定性. 图(5－10)给出了 $\gamma_1 = 1.0$, $k_1 = 0.2$ 及 $\alpha = 0.01$ (图 5－10(a)), 0.001(图 5－10(b))时,系统的平衡解及解的稳定性,图中实线表示稳定解而虚线表示非稳定解. 图 5－11 显示了不同速度扰动幅值对前两阶次谐波共振响应的影响. 在图 5－11

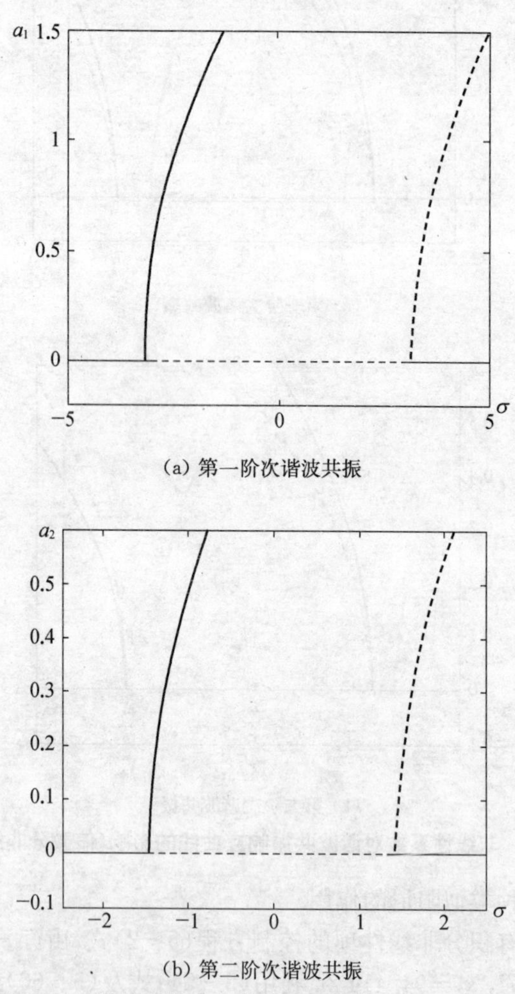

(a) 第一阶次谐波共振

(b) 第二阶次谐波共振

图 5－10　谐波共振响应曲线及稳定性(积分非线性项)

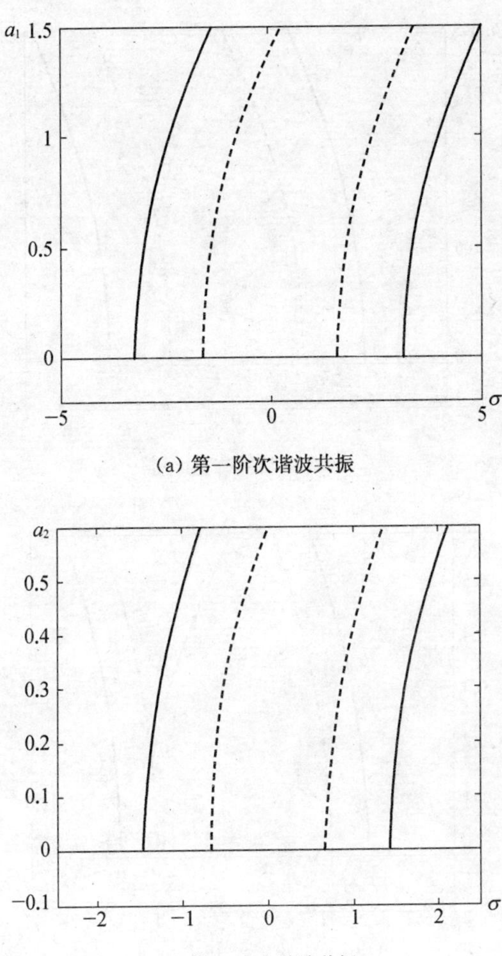

(a) 第一阶次谐波共振

(b) 第二阶次谐波共振

图 5-11　速度扰动幅值对谐波共振响应曲线的影响(积分非线性项)

(a)及(b)中,实线表示 $\gamma_1=1.0$,在图 5-11(a)中虚线表示 $\gamma_1=0.5$,在图 5-11(b)中虚线表示 $\gamma_1=0.8$. 图 5-12 显示了不同粘弹性系数对前两阶次谐波共振响应的影响. 在图 5-12(a)中,实线表示 $\alpha=0.01$,虚线表示 $\alpha=0.03$,在图 5-12(b)中,实线表示 $\alpha=0.001$,虚线

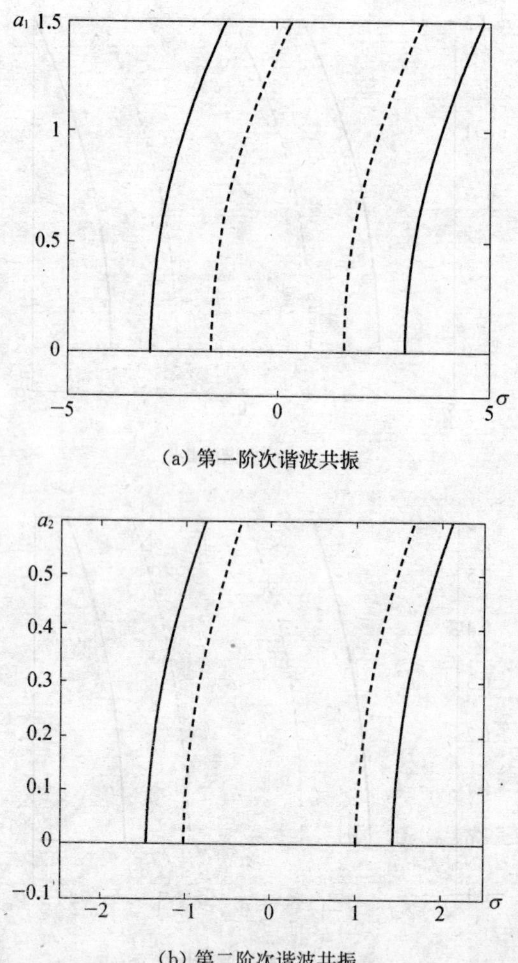

(a) 第一阶次谐波共振

(b) 第二阶次谐波共振

图 5-12 粘弹性系数对谐波共振响应曲线的影响(积分非线性项)

表示 $\alpha=0.0012$. 图 5-13 描述了非线性系数的影响,其中实线表示 $k_1=0.2$ 而虚线表示 $k_1=0.25$. 比较由积分非线性控制方程得到的图(5-10)到(5-13)与由偏微分控制方程得到的图(5-6)到(5-9),可以发现两者所得到的次谐波共振响应及其稳定性有着相同的性质,

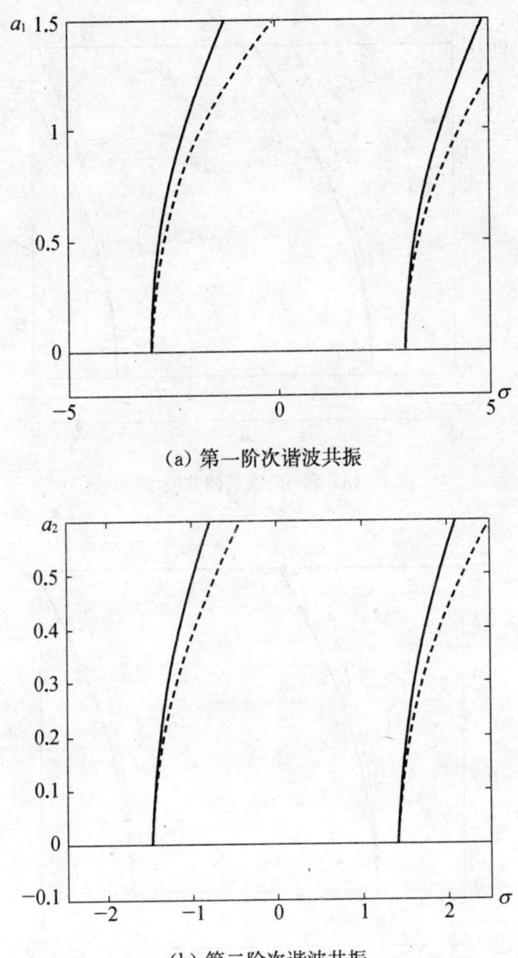

(a) 第一阶次谐波共振

(b) 第二阶次谐波共振

图 5－13　非线性系数对谐波共振响应曲线的影响(积分非线性项)

且各参数的影响也是类似的. 现在我们观察相同的参数情况下,两种非线性模型的区别. 图(5－14)显示了两种模型的比较,图中 $\gamma_1 = 1.0$, $k_1 = 0.2$ 及 $\alpha = 0.01$ 实际上,它是图 5－6 及图 5－10 两个图的叠加. 图中实线表示积分非线性项的控制方程结果,虚线表示偏微分

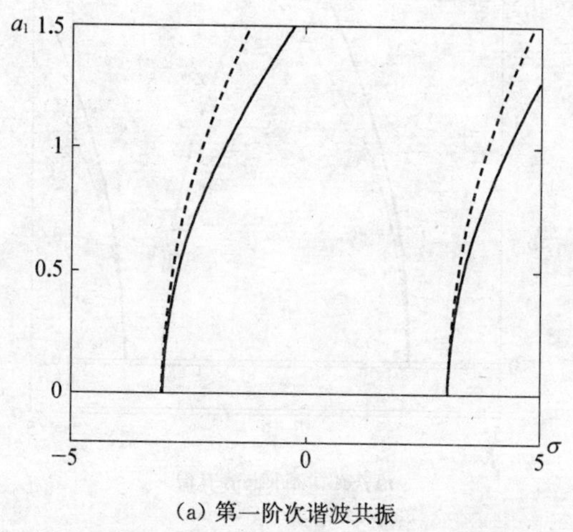

(a) 第一阶次谐波共振

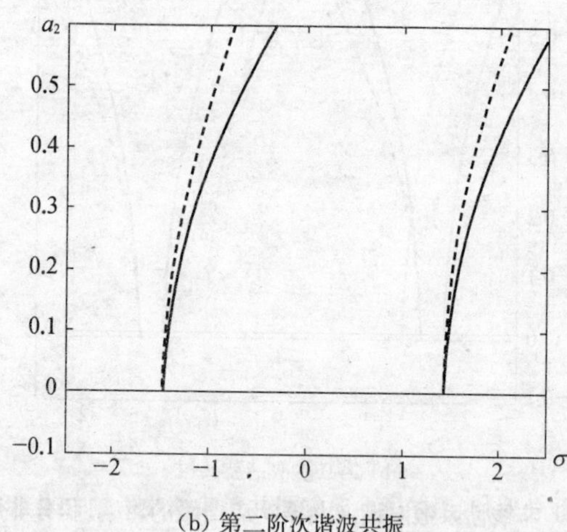

(b) 第二阶次谐波共振

图 5－14　不同非线性项下谐波共振响应曲线

非线性项的控制方程结果. 积分非线性比偏微分非线性较弱,这是因为 Wickert 的准静态假设认为轴向应力沿整个梁不做变化,从而减弱了非线性的影响.

5.3.2 两端固支情况

考虑两端固支运动梁的刚度 $v_f=0.8$ 平均速度 $\gamma_0=4.0$. 利用两端固支的运动梁模态函数

$$\begin{aligned}\phi_n(x)=c_1\Bigg\{&\mathrm{e}^{\mathrm{i}\beta_{1n}x}-\frac{(\beta_{4n}-\beta_{1n})(\mathrm{e}^{\mathrm{i}\beta_{3n}}-\mathrm{e}^{\mathrm{i}\beta_{1n}})}{(\beta_{4n}-\beta_{2n})(\mathrm{e}^{\mathrm{i}\beta_{3n}}-\mathrm{e}^{\mathrm{i}\beta_{2n}})}\mathrm{e}^{\mathrm{i}\beta_{2n}x}-\\&\frac{(\beta_{4n}-\beta_{1n})(\mathrm{e}^{\mathrm{i}\beta_{3n}}-\mathrm{e}^{\mathrm{i}\beta_{1n}})}{(\beta_{4n}-\beta_{3n})(\mathrm{e}^{\mathrm{i}\beta_{3n}}-\mathrm{e}^{\mathrm{i}\beta_{3n}})}\mathrm{e}^{\mathrm{i}\beta_{3n}x}+\\&\Bigg(-1+\frac{(\beta_{4n}-\beta_{1n})(\mathrm{e}^{\mathrm{i}\beta_{3n}}-\mathrm{e}^{\mathrm{i}\beta_{1n}})}{(\beta_{4n}-\beta_{2n})(\mathrm{e}^{\mathrm{i}\beta_{3n}}-\mathrm{e}^{\mathrm{i}\beta_{2n}})}+\\&\frac{(\beta_{4n}-\beta_{1n})(\mathrm{e}^{\mathrm{i}\beta_{3n}}-\mathrm{e}^{\mathrm{i}\beta_{1n}})}{(\beta_{4n}-\beta_{3n})(\mathrm{e}^{\mathrm{i}\beta_{3n}}-\mathrm{e}^{\mathrm{i}\beta_{3n}})}\Bigg)\mathrm{e}^{\mathrm{i}\beta_{4n}x}\Bigg\}\end{aligned} \tag{5-61}$$

可知未扰系统(5-29)式的前两阶固有频率为 $\omega_1=9.5146$ 和 $\omega_2=43.3456$,而对应于两端固支运动梁前两阶模态(5-32)式的特征根有 $\beta_{11}=6.6676$, $\beta_{21}=-2.4953+2.5344\mathrm{i}$, $\beta_{31}=-2.4953-2.5344\mathrm{i}$, $\beta_{41}=-1.6771$ 以及 $\beta_{12}=10.2236$, $\beta_{22}=-2.4997+6.9798\mathrm{i}$, $\beta_{32}=-2.4997-6.9798\mathrm{i}$, $\beta_{42}=-5.2241$. 由(5-40)式得到 $\mu_1=203.4929$, $\chi_1=-1.5272+0.6178\mathrm{i}$, $\mu_2=1893.0621$, $\chi_2=-0.7776+0.7987\mathrm{i}$.

对于带有偏微分非线性项的控制方程(5-1)式,由(5-41)式得到 $\kappa_1=55.1363\mathrm{i}$ 和 $\kappa_2=160.0746\mathrm{i}$. 利用(5-54)式及(5-60)式的特征值的符号,可以得到有关振幅及调谐参数的前两阶次谐波响应曲线及平衡解的稳定性. 图(5-15)给出了 $\gamma_1=1.0$, $k_1=0.2$ 及 $\alpha=0.0001$ 时,系统的平衡解及解的稳定性,图中实线表示稳定解而虚线表示非稳定解. 对于第一阶及第二阶的次谐波共振响应图(5-15)中,当 $\sigma<\sigma_1$ 时,只存在零平衡位置,且为稳定解;当 $\sigma=\sigma_1$ 时,零平衡解失去稳定性,同时出现一个稳定的非零解;随 σ 着的增大,非零响应的

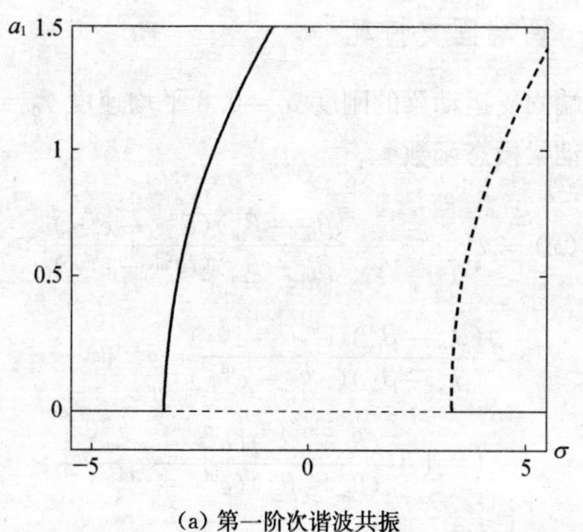

(a) 第一阶次谐波共振

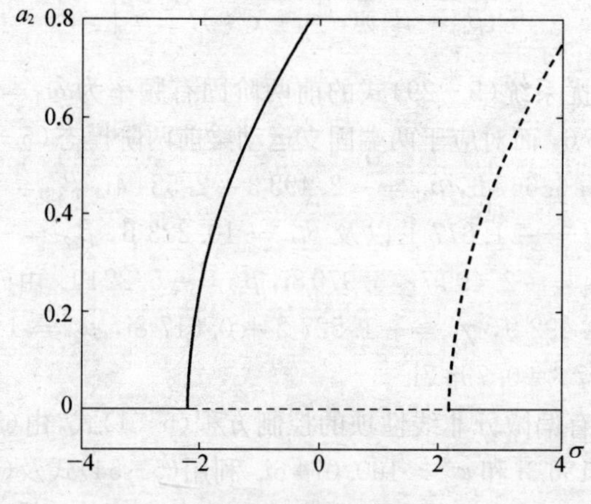

(b) 第二阶次谐波共振

图5－15　谐波共振响应曲线及稳定性(偏微分非线性项)

幅值也会增大；当到达 $\sigma=\sigma_2$ 时，不稳定的零解变得稳定起来，而此时又出现了另一个非零解，但是这个解是不稳定的. 两端固支情况下出现的现象同两端铰支情况完全相同.

图 5－16 显示了不同轴向速度扰动幅值对前两阶次谐波共振响

应的影响. 在图中,实线表示 $\gamma_1 = 1.0$, 虚线表示 $\gamma_1 = 0.5$. 由图 5-16 中的响应曲线随调谐参数的变化可以看出,梁的轴向速度扰动幅增大时,零平衡位置的失稳区域增大.

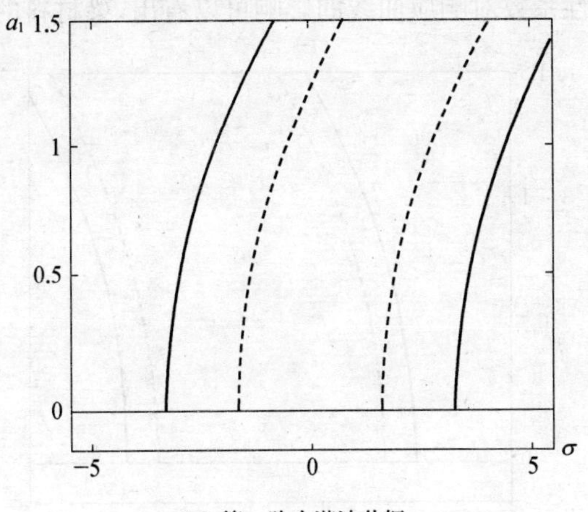

(a) 第一阶次谐波共振

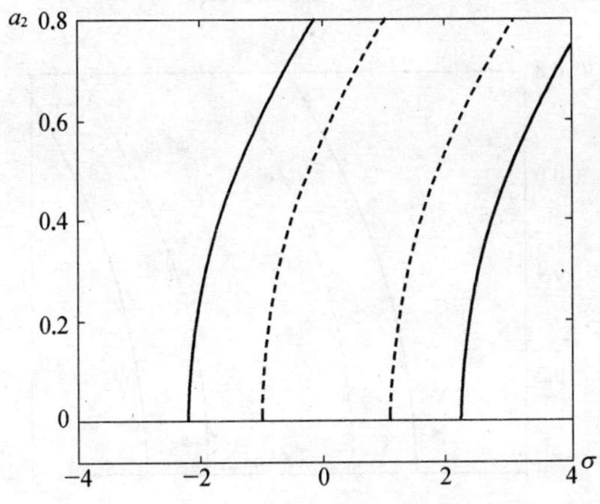

(b) 第二阶次谐波共振

图 5-16　轴向速度扰动对谐波共振响应曲线的影响(偏微分非线性项)

图5-17显示了不同粘弹性系数对前两阶次谐波共振响应的影响.在图5-17(a)中,实线表示$\alpha=0.0001$,虚线表示$\alpha=0.005$,在图5-17(b)中,实线表示$\alpha=0.0001$,虚线表示$\alpha=0.0002$.由图5-17中不同的粘弹性系数对响应曲线的影响可以看出,梁材料的粘弹性增大

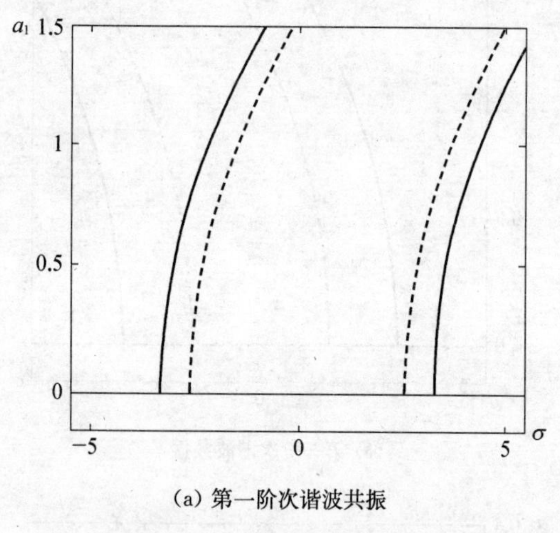

(a) 第一阶次谐波共振

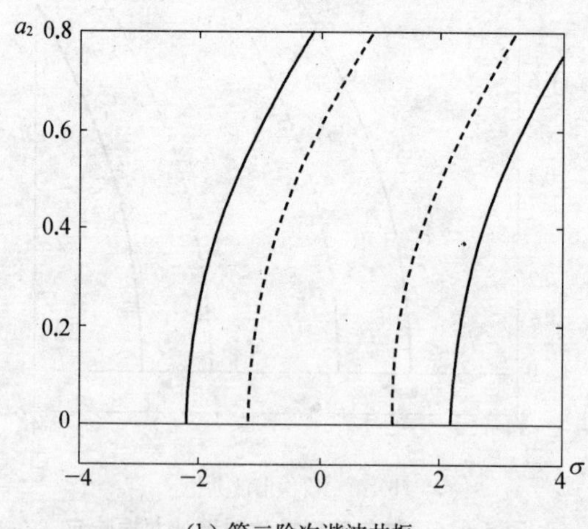

(b) 第二阶次谐波共振

图5-17　粘弹性系数对谐波共振响应曲线的影响(偏微分非线性项)

时,零平衡位置的失稳区域会减小,也就是说大的粘弹性使梁不易产生次谐波共振. 比较阻尼的数值,也可知,阻尼对高阶振动影响更为强烈.

图 5-18 描述了非线性系数的影响,其中实线表示 $k_1=0.2$ 而虚线表示 $k_1=0.25$. 可以看出: 两条非零解曲线的振幅都会因为非线

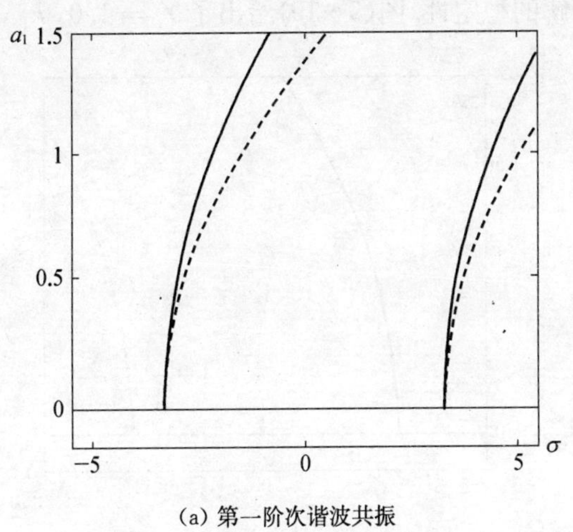

(a) 第一阶次谐波共振

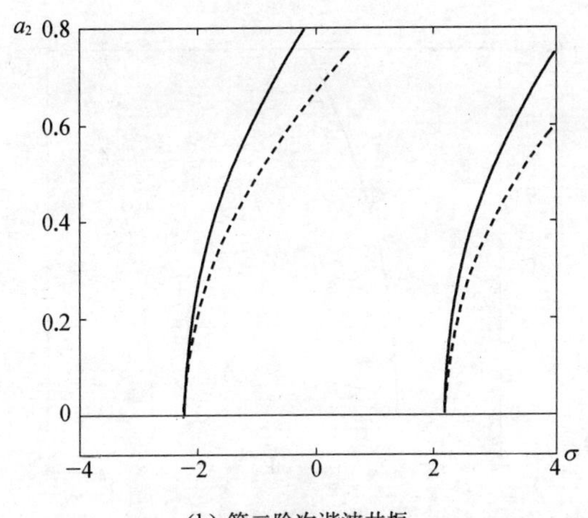

(b) 第二阶次谐波共振

图 5-18 非线性系数对谐波共振响应曲线的影响(偏微分非线性项)

性系数的增大而减小，而失稳范围则不会受非线性项的影响.

对于带有积分非线性项的控制方程(5-2)式，由(5-41)式得到 $\kappa_1 = 36.2053i$ 和 $\kappa_2 = 160.0746i$. 利用(5-54)式及(5-60)式的特征值的符号，同样可以得到有关振幅及调谐参数的前两阶次谐波响应曲线及平衡解的稳定性. 图(5-19)给出了 $\gamma_1 = 1.0$，$k_1 = 0.2$ 及 $\alpha =$

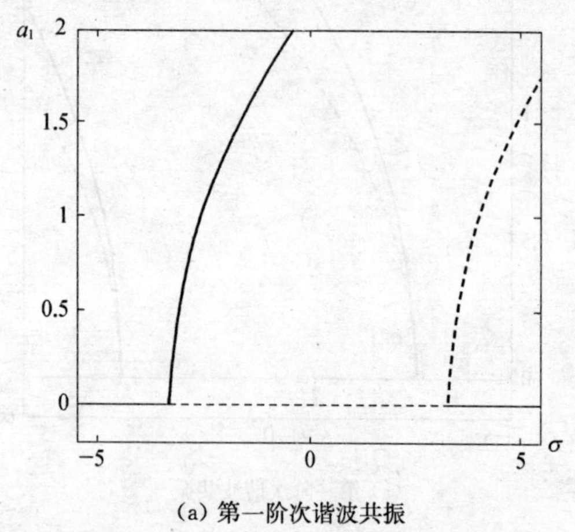

(a) 第一阶次谐波共振

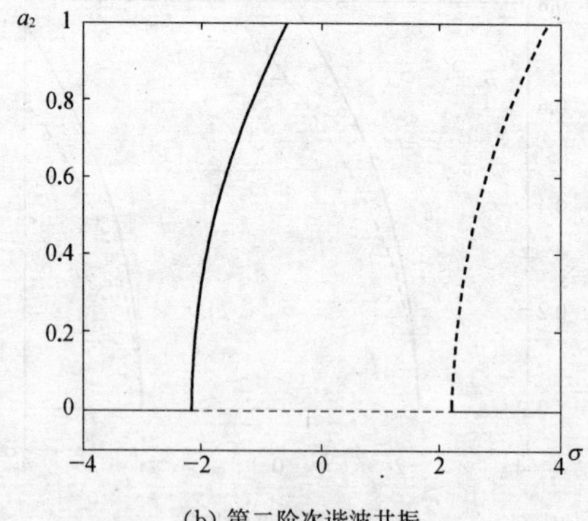

(b) 第二阶次谐波共振

图 5-19　谐波共振响应曲线及稳定性(积分非线性项)

0.0001时，系统的平衡解及解的稳定性，图中实线表示稳定解而虚线表示非稳定解. 图 5-20 显示了不同轴向速度扰动对前两阶次谐波共振响应的影响. 在图中，实线表示 $\gamma_1=1.0$，虚线表示 $\gamma_1=0.5$. 图

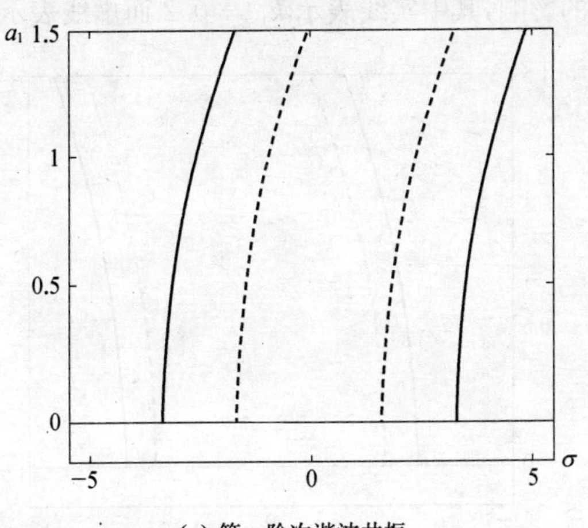

(a) 第一阶次谐波共振

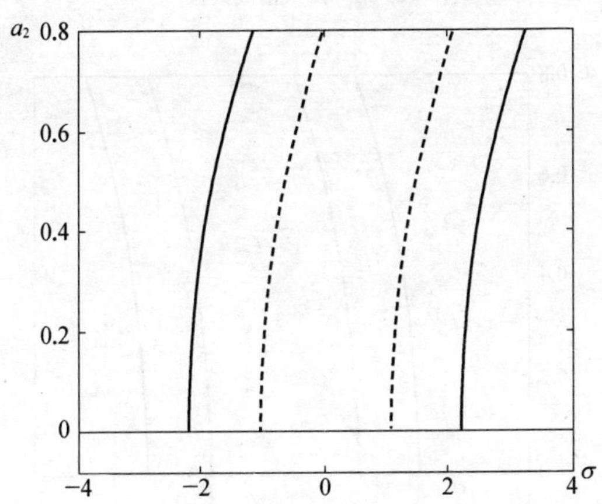

(b) 第二阶次谐波共振

图 5-20　轴向运动速度对谐波共振响应曲线的影响(积分非线性项)

5－21 显示了不同粘弹性系数对前两阶次谐波共振响应的影响. 在图 5－21(a)中，实线表示 $\alpha=0.0001$，虚线表示 $\alpha=0.005$，在图 5－21(b)中，实线表示 $\alpha=0.0001$，虚线表示 $\alpha=0.0005$. 图 5－22 描述了非线性系数的影响，其中实线表示 $k_1=0.2$ 而虚线表示 $k_1=0.25$.

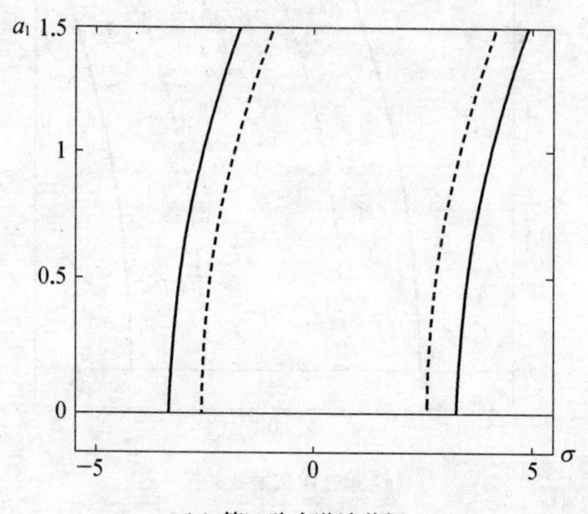

(a) 第一阶次谐波共振

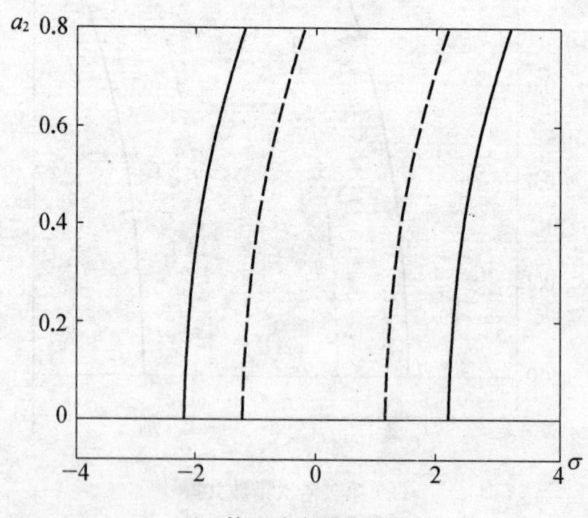

(b) 第二阶次谐波共振

图 5－21　粘弹性系数对谐波共振响应曲线的影响(积分非线性项)

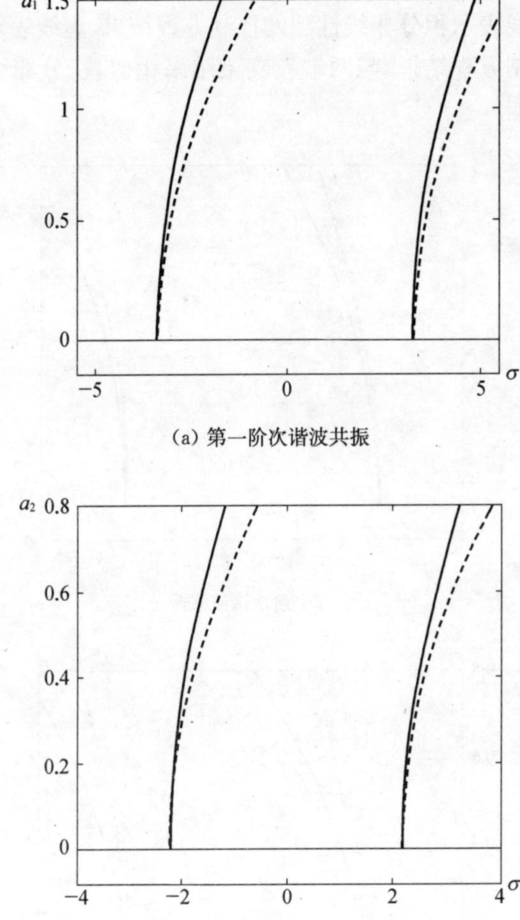

(a) 第一阶次谐波共振

(b) 第二阶次谐波共振

图 5-22　非线性系数对谐波共振响应曲线的影响(积分非线性项)

比较由积分非线性控制方程得到的图(5-19)到图(5-22)与由偏微分控制方程得到的图(5-15)到(5-18),可以发现两者所得到的次谐波共振响应及其稳定性有着相同的性质,且各参数的影响也是类似的.现在我们再来观察相同的参数情况下,两种非线性模型的关别.

图(5-23)显示了两种模型的比较,图中 $\gamma_1 = 1.0$, $k_1 = 0.2$ 及 $\alpha = 0.0001$,实线表示积分非线性项的控制方程结果,虚线表示偏微分非线性项的控制方程结果.与两端铰支梁结果相似,积分非线性比偏微分非线性较弱.

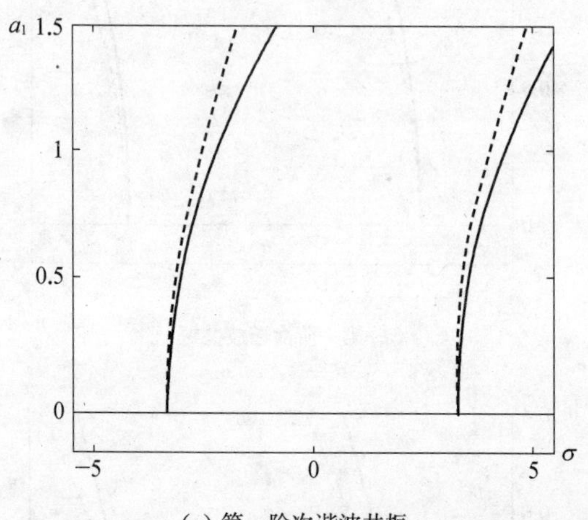

(a) 第一阶次谐波共振

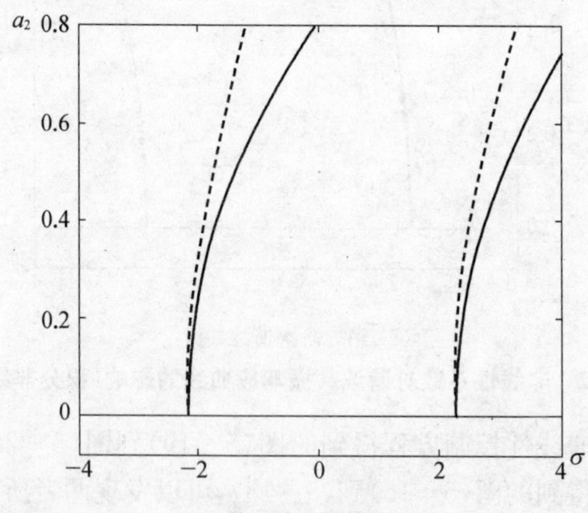

(b) 第二阶次谐波共振

图 5-23　不同非线性项下谐波共振响应曲线

比较两端铰支与两端固支不同支承条件下的，速度受扰动梁的非线性谐波共振响应曲线随不同参数的变化情况，可以得出结论：因为速度扰动的影响，当扰动频率接近固有频率 2 倍时，系统在某一范围内发生次庇波共振，由于存在非线性项，所以产生幅频响应；减小扰动振幅或增大粘弹性阻尼系数，使系统产生共振的范围减小；粘弹性阻尼的作用在高阶共振响应尤为明显；带积分非线性项的控制方程比有微分非线性项控制方程的非线性弱；两端铰支支承运动梁比两端固支支承运动梁更易发生次谐波共振而在零平衡位置失去稳定性.

5.4 小结

本章分析了两种不同的非线性运动梁模型的振动特性，主要考虑非线性对梁振动特性的影响. 对于运动梁的自由振动，非线性的引入，使得各阶固有频率发生变化. 固有频率因为受到非线性项的影响而变大，这部分变化与运动梁振动振幅的平方成正比，即当梁振动振幅增大时，固有频率会随之快速增加. 当轴向运动梁的速度接近临界速度时，这种影响尤其剧烈. 非线性对于高阶固有频率的影响也较对低阶情况要大. 通过比较固有频率随振幅的变化，还可以发现：微分非线性比积分非线性要强.

本章还考虑梁的轴向运动速度有周期小扰，发生参数共振时，因为非线性而产生的稳态幅频响应及其稳定性问题. 并分析了轴向速度扰动振幅、粘弹性系数、非线性项系数及不同非线性项对响应曲线的影响. 由响应曲线图可以看出，扰动频率增大，当扰动频率在固有频率的 2 倍或为某两阶固有频率之和附近时，运动梁在零平衡位置失去稳定性，而产生新的非零平衡点，这个新的平衡位置是稳定的；随着扰动频率进一步增大，零平衡点重新稳定，而且会出现新的平衡位置，但这个平衡位置是不稳定的，在这个区间时，运动梁响应有跳跃现象. 速度扰动振幅增大使零平衡位置失稳区域增大，而阻尼增大使之减小，这与上一章的结果是相同的. 非线性项使得共振响应的振幅减小，从不同的非线性项同样的可以看出，积分非线性模型的非线性较之微分模型要弱.

第六章 粘弹性阻尼对固有频率的影响

6.1 前言

这一章，我们将分析粘弹性阻尼对运动梁的固有频率的影响. 在以前章节的计算中，我们发现运动梁的各阶固有频率受梁速度及刚度的影响，非线性项也会对固有频率有一阶小量的影响. 在本章中，我们使用二阶的多尺度法分析粘弹性轴向运动梁的线性控制方程，利用方程的可解性条件来讨论粘弹性对于轴向运动梁固有频率的影响. 通过本章的计算，可知粘弹性阻尼对轴向运动梁的各阶固有频率有一定的影响，不过它的作用量是二阶小量的.

6.2 二阶多尺度法的应用

分析粘弹性匀速运动梁的控制方程

$$\frac{\partial^2 u}{\partial t^2}+2\gamma\frac{\partial^2 u}{\partial x\partial t}+(\gamma^2-1)\frac{\partial^2 u}{\partial x^2}+v_f^2\frac{\partial^4 u}{\partial x^4}+\varepsilon\alpha\frac{\partial^5 u}{\partial x^4\partial t}=0 \tag{6-1}$$

为了计算粘弹性的影响量，我们使用二阶精度的多尺度法. 设(6-1)式的解可以表示成如下形式

$$u(x,\, t;\, \varepsilon)=u_0(x,\, T_0,\, T_1,\, T_2)+\varepsilon u_1(x,\, T_0,\, T_1,\, T_2)+\varepsilon u_2(x,\, T_0,\, T_1,\, T_2)\cdots \tag{6-2}$$

其中 $T_0=\tau$ 表示对应于无粘弹性阻尼线性系统以频率 ω_k 运动的快时间尺度，而 $T_1=\varepsilon\tau$ 和 $T_1=\varepsilon^2\tau$ 是由于受到粘弹性影响而导致幅值和相位慢变的小时间尺度，当然 $T_1=\varepsilon^2\tau$ 是比 $T_1=\varepsilon\tau$ 还要小的时间尺度. (6-2)式对时间的微分可以表示为

$$\frac{\partial}{\partial t}=\frac{\partial}{\partial T_0}+\varepsilon\frac{\partial}{\partial T_1}+\varepsilon^2\frac{\partial}{\partial T_2}\cdots,$$

$$\frac{\partial^2}{\partial t^2}=\frac{\partial^2}{\partial T_0^2}+2\varepsilon\frac{\partial^2}{\partial T_0\partial T_1}+\varepsilon^2\left(2\frac{\partial^2}{\partial T_0\partial T_2}+\frac{\partial^2}{\partial T_1^2}\right)\cdots \tag{6-3}$$

把(6-2)式及(6-3)式代入(6-1)式，并分离 ε^0，ε^1，ε^2 各项使之相等，得到

$$\frac{\partial^2 u_0}{\partial T_0^2}+2\gamma\frac{\partial^2 u_0}{\partial x\partial T_0}+(\gamma^2-1)\frac{\partial^2 u_0}{\partial x^2}+v_f^2\frac{\partial^4 u_0}{\partial x^4}=0 \tag{6-4}$$

$$\frac{\partial^2 u_1}{\partial T_0^2}+2\gamma\frac{\partial^2 u_1}{\partial x\partial T_0}+(\gamma^2-1)\frac{\partial^2 u_1}{\partial x^2}+v_f^2\frac{\partial^4 u_1}{\partial x^4}$$

$$=-2\frac{\partial^2 u_0}{\partial T_0\partial T_1}-2\gamma\frac{\partial^2 u_0}{\partial x\partial T_1}-\alpha\frac{\partial^5 u_0}{\partial x^4\partial T_0} \tag{6-5}$$

$$\frac{\partial^2 u_2}{\partial T_0^2}+2\gamma\frac{\partial^2 u_2}{\partial x\partial T_0}+(\gamma^2-1)\frac{\partial^2 u_2}{\partial x^2}+v_f^2\frac{\partial^4 u_2}{\partial x^4}$$

$$=-2\frac{\partial^2 u_1}{\partial T_0\partial T_1}-2\frac{\partial^2 u_0}{\partial T_0\partial T_1}-\frac{\partial^2 u_0}{\partial T_1^2}-2\gamma\frac{\partial^2 u_0}{\partial x\partial T_2}-$$

$$2\gamma\frac{\partial^2 u_1}{\partial x\partial T_1}-\alpha\frac{\partial^5 u_0}{\partial x^4\partial T_1}-\alpha\frac{\partial^5 u_1}{\partial x^4\partial T_0} \tag{6-6}$$

对于线性偏微方程(6-4)式的解，由前几章论述，为已知. 现在我们研究它的第 n 阶解，设其形式为

$$u_0(x,\ T_0,\ T_1,\ T_2)=A_n(T_1,\ T_2)\phi_n(x)\mathrm{e}^{\mathrm{i}\omega_n T_0}+cc \tag{6-7}$$

其中 $A_n(T_1, T_2)$ 为慢变振幅，ω_n 和 ϕ_n 为第 n 固有频率和第 n 阶振动模态，它们与支承条件有关，我们已经介绍过两端铰支、两端固支及两端带扭转弹簧铰支三种情况下的解.

把(6-7)式代入(6-5)式，得到

$$\frac{\partial^2 u_1}{\partial T_0^2}+2\gamma\frac{\partial^2 u_1}{\partial x\partial T_0}+(\gamma^2-1)\frac{\partial^2 u_1}{\partial x^2}+v_f^2\frac{\partial^4 u_1}{\partial x^4}$$

$$=-2\frac{\partial A_n}{\partial T_1}(\mathrm{i}\omega_n\phi_n+\gamma\phi'_n)\mathrm{e}^{\mathrm{i}\omega_n T_0}-\mathrm{i}\alpha\omega_n A_n\phi_n^{(4)}\mathrm{e}^{\mathrm{i}\omega_n T_0}+cc \tag{6-8}$$

如果(6-8)满足可解性条件则有有限解，利用可解性条件使等式右端不出现长期项，则要求等式右端部分与其伴随方程的齐次解正交

$$\left\langle -2\frac{\partial A_n}{\partial T_1}(\mathrm{i}\omega_n\phi_n+\gamma\phi'_n)-\mathrm{i}\alpha\omega_n A_n\phi_n^{(4)},\ \phi_n\right\rangle=0 \tag{6-9}$$

其中内积定义如下

$$\langle f, g\rangle=\int_0^1\bar{f}g\,\mathrm{d}x \tag{6-10}$$

利用(6-9)式就可以得到

$$\frac{\partial A_n}{\partial T_1}+\alpha c_n A_n=0 \tag{6-11}$$

其中

$$c_n=\frac{\mathrm{i}\omega_n\int_0^1\phi_n^{(4)}\bar{\phi}_n\mathrm{d}x}{2\left(\mathrm{i}\omega_n\int_0^1\phi_n\bar{\phi}_n\mathrm{d}x+\gamma\int_0^1\phi'_n\bar{\phi}_n\mathrm{d}x\right)} \tag{6-12}$$

在(6-12)中，我们可以把复振幅 A_n 写成极坐标的形式

$$A_n = a_n \mathrm{e}^{\mathrm{i}\beta_n} \tag{6-13}$$

其中 a_n 和 β_n 为慢变振幅 A_n 以小尺度变化的幅值和相位，它们是有关慢时间尺度 T_1 和 T_2 的实函数.

把(6-13)式代入(6-11)式，把结果分离实部及虚部就可以得到以下两个等式，

$$a_n' = -\alpha c_n a_n, \tag{6-14}$$

$$\beta_n' = 0 \tag{6-15}$$

标记右上角的一撇表示对慢时间尺度 T_1 求微分. 对于任意边界，由模态函数计算(6-12)式，可以发现，c_n 总是一个正的实数，所以(6-15)式中不含这个系数 c_n.

对(6-14)式积分，并由(6-15)式设 β_n 为常数零，把结果代入(6-13)式，就得到慢变振幅的形式为

$$A_n = B_n(T_2)\mathrm{e}^{-\alpha c_n T_1} \tag{6-16}$$

把(6-16)式代入(6-7)式，得到

$$u_0(x, T_0, T_1, T_2) = B_n(T_2)\phi_n(x)\mathrm{e}^{-\alpha c_n T_1}\mathrm{e}^{\mathrm{i}\omega_n T_0} + cc \tag{6-17}$$

经过上述计算，(6-5)式中已经不含长期项，它的一个特解为

$$u_1(x, T_0, T_1, T_2) = 0 \tag{6-18}$$

再把(6-17)式及(6-18)式代入的 ε^2 方程(6-6)中得到

$$\begin{aligned} &\frac{\partial^2 u_2}{\partial T_0^2} + 2\gamma\frac{\partial^2 u_2}{\partial x \partial T_0} + (\gamma^2 - 1)\frac{\partial^2 u_2}{\partial x^2} + v_f^2\frac{\partial^4 u_2}{\partial x^4} \\ &= (-2\mathrm{i}\omega_n\phi_n - 2\gamma\phi_n')\frac{\mathrm{d}B_n}{\mathrm{d}T_2}\mathrm{e}^{-\alpha c_n T_1}\mathrm{e}^{\mathrm{i}\omega_n T_0} + \\ &\alpha^2(c_n\phi_n^{(4)} - \phi_n)\mathrm{e}^{-\alpha c_n T_1}\mathrm{e}^{\mathrm{i}\omega_n T_0} + cc \end{aligned} \tag{6-19}$$

为消除长期项，仍然利用可解性条件得到

$$\frac{\mathrm{d}B_n}{\mathrm{d}T_2}+\alpha^2 d_n B_n=0 \tag{6-20}$$

其中

$$d_n=\frac{-c_n\int_0^1 \phi_n^{(4)}\bar{\phi}_n\mathrm{d}x+\int_0^1 \phi_n\bar{\phi}_n\mathrm{d}x}{2\mathrm{i}\omega_n\int_0^1 \phi_n\bar{\phi}_n\mathrm{d}x+2\gamma\int_0^1 \phi'_n\bar{\phi}_n\mathrm{d}x} \tag{6-21}$$

在(6－21)式中利用不同边界模态，由数值方法可知 d_n 总为纯虚数，可设为

$$d_n=\mathrm{i}d_n^{\mathrm{I}} \tag{6-22}$$

把(6－20)式中的 2 阶慢变振幅 B_n 表示成极坐标形式

$$B_n=b_n\mathrm{e}^{\mathrm{i}\theta_n} \tag{6-23}$$

其中，b_n 和 θ_n 为随慢时间尺度 T_2 变化的 2 阶慢变振幅的幅值和相位.

把(6－23)代入(6－20)式，并利用(6－22)式，把所得等式分离实部与虚部就可以得到

$$b'_n=0, \tag{6-24}$$

$$\theta'_n=-\alpha^2 d_n^{\mathrm{I}} \tag{6-25}$$

对(6－25)式积分，并由(6－24)式设 b_n 为常数，把结果代入(6－23)式，就得到二阶慢变振幅的形式为

$$B_n=b_{n0}\mathrm{e}^{-\mathrm{i}\alpha^2 d_n^{\mathrm{T}}T_2} \tag{6-26}$$

把(6－26)式代入(6－16)式，然后把结果代入(6－7)式，观察可

以得到受到粘弹性影响的运动梁第 n 阶固有频率为

$$(\omega_n)_{VE} = \omega_n - \varepsilon^2 \alpha^2 d_n^{\mathrm{I}} \tag{6-27}$$

因为粘弹性的这种变化,固有频率与阻尼项的平方成比例,与系数 d_n^{I} 成正比.这个系数与不同支承条件下的运动梁的振动模态有关,所以下面我们就讨论不同支承条件下,粘弹性系数对固有频率的影响.

6.3 数值结果

图 6-1 给出了两端铰支运动梁不同轴向速度时固有频率随阻尼的变化情况.由(6-21)式及两端铰支梁的模态函数,可以得到:当 $\gamma = 1.5$ 时,$d_1 = 337.0\mathrm{i}$;当 $\gamma = 2.0$ 时,$d_1 = 391.7\mathrm{i}$;当 $\gamma = 2.5$,$d_1 = 577.5\mathrm{i}$;当 $\gamma = 3.0$ 时,$d_2 = 22\,130.3\mathrm{i}$;当 $\gamma = 4.0$ 时,$d_1 = 26\,101.7\mathrm{i}$;当 $\gamma = 5.0$,$d_1 = 50\,511.2\mathrm{i}$.利用以上数据,可以根据(6-27)计算出不同速度不同阻尼所对应的各阶固有频率.

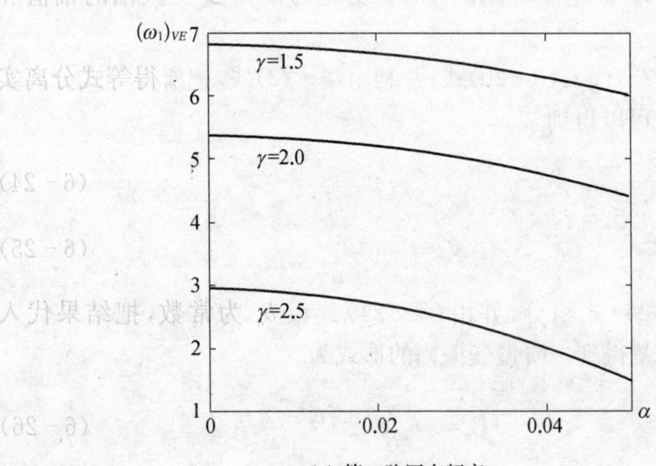

(a) 第一阶固有频率

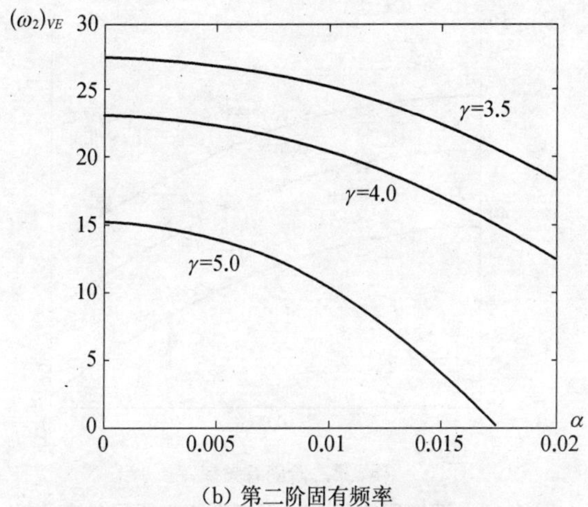

(b) 第二阶固有频率

图 6-1　两端铰支运动梁固有频率随阻尼的变化

图 6-2 给出了两端固支运动梁不同轴向速度时固有频率随阻尼的变化情况. 当 $\gamma=2.0$ 时,$d_1=3\,796.3\mathrm{i}$;当 $\gamma=3.0$ 时,$d_1=4\,117.1\mathrm{i}$;当 $\gamma=4.0$, $d_1=4\,352.2\mathrm{i}$;当 $\gamma=3.0$ 时,$d_2=78\,165.2\mathrm{i}$;当 $\gamma=4.0$ 时,$d_1=82\,676.9\mathrm{i}$;当 $\gamma=5.0$, $d_1=88\,631.3\mathrm{i}$.

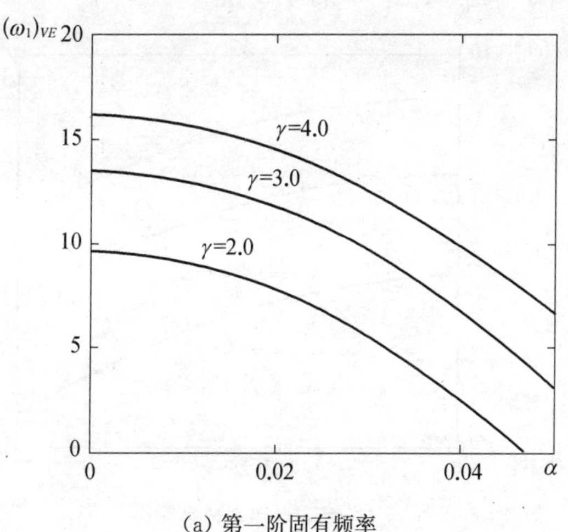

(a) 第一阶固有频率

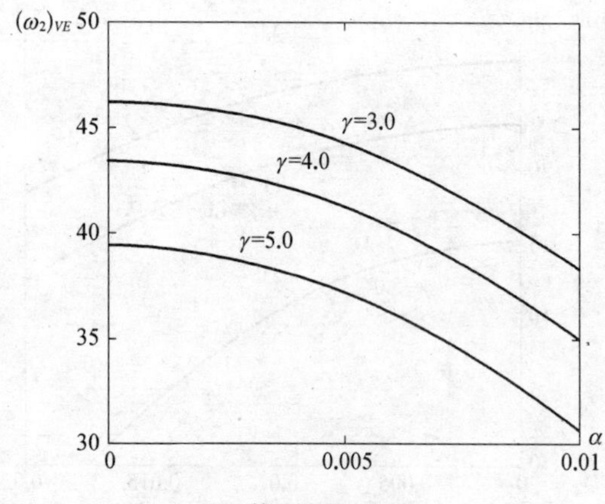

(b) 第二阶固有频率

图 6-2　两端固支运动梁固有频率随阻尼的变化

图 6-3 给出了两端带有扭转弹簧的铰支运动梁当无量纲化的弹簧弹性系数 $k=2$ 时，不同轴向速度时固有频率随阻尼的变化情况. 当 $\gamma=1.5$ 时，$d_1=707.0\mathrm{i}$；当 $\gamma=2.0$ 时，$d_1=765.6\mathrm{i}$；当 $\gamma=2.5$，$d_1=842.6\mathrm{i}$；当 $\gamma=3.0$ 时，$d_2=27\,612.7\mathrm{i}$；当 $\gamma=4.0$ 时，$d_1=31\,008.0\mathrm{i}$；当 $\gamma=5.0$，$d_1=39\,475.5\mathrm{i}$.

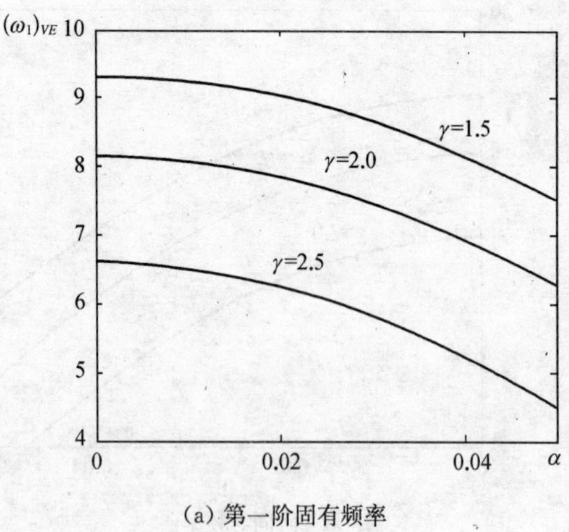

(a) 第一阶固有频率

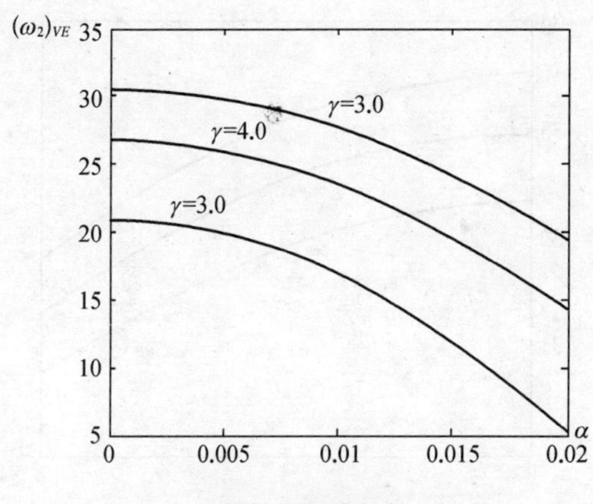

(b) 第二阶固有频率

图 6-3　两端带有扭转弹簧铰支运动梁固有频率随阻尼的变化

由图 6-1,图 6-2 及图 6-3 可以看出,固有频率伴随阻尼的增大而减小,而且这种变化的速度会因为运动梁轴向速度的增大而更加显著.

图 6-4 给出了两端带有扭转弹簧的铰支运动梁当无量纲化的轴

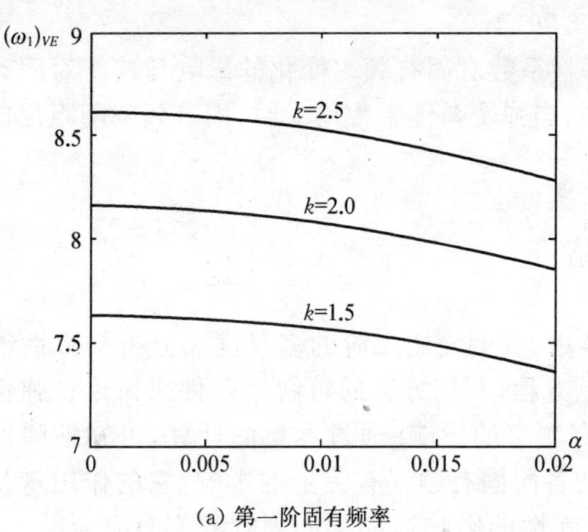

(a) 第一阶固有频率

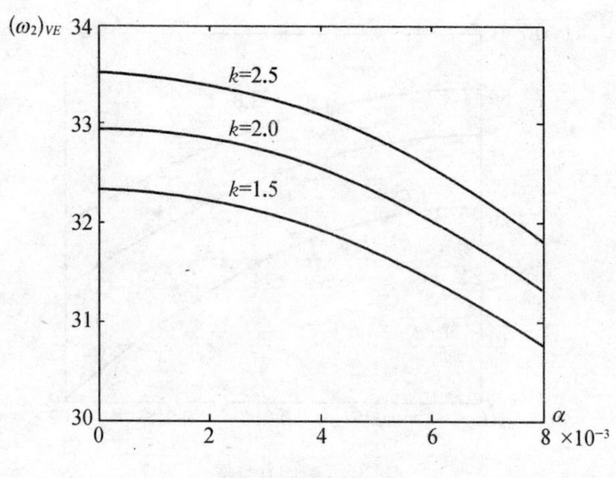

(b) 第二阶固有频率

图 6-4　两端带有扭转弹簧铰支运动梁固有频率随弹簧系数的变化

向速度 $\gamma = 2$ 时，不同弹簧弹性系数时固有频率随阻尼的变化情况. 当 $k = 1.5$ 时，$d_1 = 765.598\,4\mathrm{i}$，$d_2 = 25\,628.553\,7\mathrm{i}$；当 $k = 2.0$ 时，$d_1 = 674.938\,4\mathrm{i}$，$d_2 = 24\,354.117\,1\mathrm{i}$ 而当 $k = 2.5$ 时，$d_1 = 852.958\,2\mathrm{i}$，$d_2 = 26\,848.961\,1\mathrm{i}$.

弹簧弹性系数对固有频率变化的影响与速度对固有频率变化的影响类似，当弹簧弹性系数增大时，固有频率随阻尼的变化要更明显.

6.4　小结

在本章中，我们使用二阶的多尺度法分析粘弹性轴向运动梁的线性控制方程，利用方程的可解性条件来讨论粘弹性对于轴向运动梁固有频率的影响. 通过本章的计算，可知粘弹性阻尼对轴向运动梁的各阶固有频率有一定的影响，它的作用量是二阶小量的. 因为粘弹性的影响运动梁的固有频率会有所减小，这个差值与粘弹性系数的平方成正比. 当轴向速度增大时,这种影响也会更明显,当轴向速度接近临界值时,粘弹性阻尼的影响是不可忽略的.

第七章　轴向运动梁的受迫振动

7.1　前言

系统在外界控制的持续激励作用下产生的振动称为受迫振动.轴向运动梁由于基座运动的影响,往往会发生受迫振动.本章通过对控制方程施用多尺度,得到幅频率响应曲线来分析当激励频率线性系统的某阶固有频率时产生的共振现象.分析由于非线性项的存在,出现的多平衡解及跳跃现象,并比较不同非线性项的不同结果.利用平衡解的线性化方程,我们可以分析其稳定性.在本章中,不同参数,如非线性项系数、激励振幅及粘弹性阻尼等对响应曲线及稳定性的影响做出了全面的论述.

7.2　轴向运动粘弹性梁非线性受迫振动的模型

考察密度为 ρ,横截面面积为 A,转动惯量为 I 且有初始拉力 P,在两支承中间以速度 Γ 运动的粘弹性梁,它的长度为 L.运动梁受到地基的外力,设为 $F(X, T)$,其中 T 和 X 是时间和轴向坐标.如果只考虑梁的轴向位移 $U(X, T)$,那么可以根据牛顿第二定律得到控制方程为

$$\rho A\left(\frac{\partial^2 U}{\partial T^2}+2\Gamma\frac{\partial^2 U}{\partial X\partial T}+\Gamma^2\frac{\partial^2 U}{\partial X^2}\right)$$
$$=\frac{\partial}{\partial X}\left[(P+A\zeta)\frac{\partial U}{\partial X}\right]-\frac{\partial^2 M(X,\ T)}{\partial X^2}+F(X,\ T),\quad (7-1)$$

其中 $\zeta(X, T)$ 和 $M(X, T)$ 分别表示轴向应力扰动及转矩.

设梁的粘弹性材料遵从 Kelvin 模型,得到

$$\zeta(X, T) = E\varepsilon_L(X, T) + \eta \frac{\partial \varepsilon_L(X, T)}{\partial T}, \tag{7-2}$$

其中 E 和 η 分别表示 Kelvin 模型中的弹性及粘弹性系数,而 $\varepsilon_L(X, T)$ 表示 Lagrangian 应变.

$$\varepsilon_L(X, T) = \frac{1}{2}\left[\frac{\partial U(X, T)}{\partial X}\right]^2, \tag{7-3}$$

由以前章节分析可知,这一项是造成梁振动非线性的原因.

对于细长梁,比如说 $I/(AL^2) < 0.001$,则力矩有

$$M(X, T) = EI \frac{\partial^2 U(X, T)}{\partial X^2} + \eta I \frac{\partial^3 U(X, T)}{\partial X^2 \partial T}. \tag{7-4}$$

把(7-2),(7-3)及(7-4)式代入(7-1)式,得到粘弹性梁受迫振动的控制方程

$$\begin{aligned} &\rho A\left(\frac{\partial^2 U}{\partial T^2} + 2\Gamma \frac{\partial^2 U}{\partial X \partial T} + \Gamma^2 \frac{\partial^2 U}{\partial X^2}\right) - P \frac{\partial^2 U}{\partial X^2} + EI \frac{\partial^4 U}{\partial X^4} + \\ &\eta I \frac{\partial^5 U}{\partial T \partial X^4} = \frac{3}{2} E\left(\frac{\partial U}{\partial X}\right)^2 \frac{\partial^2 U}{\partial X^2} + \\ &\eta \frac{\partial U}{\partial X}\left[2 \frac{\partial^2 U}{\partial X \partial T} \frac{\partial^2 U}{\partial X^2} + \frac{\partial U}{\partial X} \frac{\partial^3 U}{\partial X^2 \partial T}\right] + F(X, T). \end{aligned} \tag{7-5}$$

设激励为周期变化

$$F(X, T) = B\cos(\Omega T), \tag{7-6}$$

其中 B 和 Ω 分别表示外部激励的振幅和频率.

引入无量纲化的变量用参数,

$$u=\frac{U}{\sqrt{\varepsilon}L},\ x=\frac{X}{L},\ t=T\sqrt{\frac{P}{\rho AL^{2}}},\ \gamma=\Gamma\sqrt{\frac{\rho A}{P}},\ k_{f}=\sqrt{\frac{EI}{PL^{2}}},$$

$$\alpha=\frac{I\eta}{\varepsilon L^{3}\sqrt{\rho AP}},\ k_{1}=\sqrt{\frac{EA}{P}},\ \omega=\Omega\sqrt{\frac{\rho AL^{2}}{P}},$$

$$b=\frac{B}{\varepsilon L},\ k_{2}=\frac{\eta A}{\varepsilon L\sqrt{P\rho A}}. \tag{7-7}$$

其中标识 ε 为无量纲化的小量,用来表示运动梁横向变形、粘弹性系数及外部激励幅值为小量. 把(7-6)和(7-7)式代入(7-5)式,最终到无量纲化的控制方程为

$$\begin{aligned}&\frac{\partial^{2}u}{\partial t^{2}}+2\gamma\frac{\partial^{2}u}{\partial x\partial t}+(\gamma^{2}-1)\frac{\partial^{2}u}{\partial x^{2}}+k_{f}^{2}\frac{\partial^{4}u}{\partial x^{4}}\\&\quad=-\varepsilon\alpha\frac{\partial^{5}u}{\partial x^{4}\partial t}+\frac{3}{2}\varepsilon k_{1}^{2}\frac{\partial^{2}u}{\partial x^{2}}\left(\frac{\partial u}{\partial x}\right)^{2}+\\&\qquad\varepsilon^{2}k_{2}\frac{\partial u}{\partial x}\left[2\frac{\partial^{2}u}{\partial x\partial t}\frac{\partial^{2}u}{\partial x^{2}}+\frac{\partial^{3}u}{\partial x^{2}\partial t}\frac{\partial u}{\partial x}\right]+\varepsilon b\cos(\omega t),\end{aligned} \tag{7-8}$$

与其对应的基于准静态应力假设的无量纲化控制方程为

$$\begin{aligned}&\frac{\partial^{2}u}{\partial t^{2}}+2\gamma\frac{\partial^{2}u}{\partial x\partial t}+(\gamma^{2}-1)\frac{\partial^{2}u}{\partial x^{2}}+k_{f}^{2}\frac{\partial^{4}u}{\partial x^{4}}\\&\quad=-\varepsilon\alpha\frac{\partial^{5}u}{\partial x^{4}\partial t}+\frac{1}{2}\varepsilon k_{1}^{2}\frac{\partial^{2}u}{\partial x^{2}}\int_{0}^{1}\left(\frac{\partial u}{\partial x}\right)^{2}\mathrm{d}x+\\&\qquad\varepsilon^{2}k_{2}\frac{\partial^{2}u}{\partial x^{2}}\int_{0}^{1}\frac{\partial u}{\partial x}\frac{\partial^{2}u}{\partial x\partial t}+\varepsilon b\cos(\omega t).\end{aligned} \tag{7-9}$$

(7-8)及(7-9)式也可以看作是线性连续陀螺系统基础上作用有小的扰动量,这个扰动量由粘弹性阻尼、弱非线性项及外部激励组成.

7.3 多尺度法的应用

现在把一阶精度多尺度法应用于(7-8)式. 设其解有如下形式

$$u(x,\ t) = u_0(x,\ T_0,\ T_1) + \varepsilon u_1(x,\ T_0,\ T_1) + O(\varepsilon^2), \tag{7-10}$$

其中 $T_0 = \tau$ 为表征线性系统振动的快时间尺度，$T_1 = \varepsilon\tau$ 为表示受扰系统振幅变化的慢时间尺度. 把(7-10)代入(7-8)式，并且利用时间微分

$$\begin{aligned}\frac{\partial}{\partial t} &= \frac{\partial}{\partial T_0} + \varepsilon\frac{\partial}{\partial T_1} + O(\varepsilon^2),\\ \frac{\partial^2}{\partial t^2} &= \frac{\partial^2}{\partial T_0^2} + 2\varepsilon\frac{\partial^2}{\partial T_0 \partial T_1} + O(\varepsilon^2).\end{aligned} \tag{7-11}$$

分离 ε^0 和 ε^1 不同项，使之相等，得到

$$\varepsilon^0:\ \frac{\partial^2 u_0}{\partial T_0^2} + 2\gamma\frac{\partial^2 u_0}{\partial x \partial T_0} + (\gamma^2 - 1)\frac{\partial^2 u_0}{\partial x^2} + k_f^2\frac{\partial^4 u_0}{\partial x^4} = 0 \tag{7-12}$$

及

$$\begin{aligned}\varepsilon^1:\ &\frac{\partial^2 u_1}{\partial T_0^2} + 2\gamma\frac{\partial^2 u_1}{\partial x \partial T_0} + (\gamma^2 - 1)\frac{\partial^2 u_1}{\partial x^2} + k_f^2\frac{\partial^4 u_1}{\partial x^4}\\ &= -2\frac{\partial^2 u_0}{\partial T_0 \partial T_1} - 2\gamma\frac{\partial^2 u_0}{\partial x \partial T_0} - \alpha\frac{\partial^5 u_0}{\partial x^4 \partial T_0} +\\ &\quad \frac{3}{2}k_1^2\frac{\partial^2 u_0}{\partial x^2}\left(\frac{\partial u_0}{\partial x}\right)^2 + b\cos\omega t.\end{aligned} \tag{7-13}$$

当激励频率 ω 接近未扰线性系统固有频率时，则可能发生共振现象. 为了研究这种共振存在性，我们分析第 n 阶的情况，未扰线性系

统的第 n 阶模态解可以写做

$$u_0(x, T_0, T_1) = \phi_n(x)A_n(T_1)\mathrm{e}^{\mathrm{i}\omega_n T_0} + cc. \tag{7-14}$$

其中，ϕ_n 为线性系统的第 n 阶模态函数，A_n 为第 n 阶模态函数受扰的慢变系数，ω_n 表示第 n 阶线性系统固有频率，cc 表示前面项的复数共轭. 把(7-14)式代入(7-13)式把三解函数写作指数形式，得到

$$\begin{aligned}
&\frac{\partial^2 u_1}{\partial T_0^2} + 2\gamma\frac{\partial^2 u_1}{\partial x\partial T_0} + (\gamma^2-1)\frac{\partial^2 u_1}{\partial x^2} + k_f^2\frac{\partial^4 u_1}{\partial x^4} \\
&= -2\mathrm{i}\omega_n\dot{A}_n\phi_n\mathrm{e}^{\mathrm{i}\omega_n T_0} - 2\gamma\dot{A}_n\phi'_n\mathrm{e}^{\mathrm{i}\omega_n T_0} - \alpha\mathrm{i}\omega_n A_n\phi''''_n\mathrm{e}^{\mathrm{i}\omega_n T_0} + \\
&\quad \frac{1}{2}b\mathrm{e}^{\mathrm{i}\omega T_0} + k_1^2A_n^2\overline{A}_n\left(\frac{3}{2}\bar{\phi}''_n\phi'^2_n + 3\phi''_n\phi'_n\bar{\phi}'_n\right)\mathrm{e}^{\mathrm{i}\omega_n T_0} + \\
&\quad \frac{3}{2}k_1^2A_n^3\phi''_n\phi'^2_n\mathrm{e}^{3\mathrm{i}\omega_n T_0} + cc,
\end{aligned} \tag{7-15}$$

其中符号上的点及右上角的撇分别表示对慢变时间 T_1 和无量纲化轴向变标 x 求导.

为了分析共振点附近的响应情况，引入调谐参数 σ 来表示扰动频率 ω 与第 n 阶固有频率 ω_n 的关系

$$\omega = \omega_n + \varepsilon\sigma. \tag{7-16}$$

把(7-16)式代入(7-15)式，得到

$$\begin{aligned}
&\frac{\partial^2 u_1}{\partial T_0^2} + 2\gamma\frac{\partial^2 u_1}{\partial x\partial T_0} + (\gamma^2-1)\frac{\partial^2 u_1}{\partial x^2} + k_f^2\frac{\partial^4 u_1}{\partial x^4} \\
&= \left[-2\dot{A}_n(\mathrm{i}\omega_n\phi_n + \gamma\phi'_n) - \mathrm{i}\alpha\omega_n a_n\phi''''_n + \frac{1}{2}b\mathrm{e}^{\mathrm{i}\sigma T_1} + \right. \\
&\quad \left. k_1^2A_n^2\overline{A}_n\left(\frac{3}{2}\bar{\phi}''_n\phi'^2_n + 3\phi''_n\phi'_n\bar{\phi}'_n\right)\right]\mathrm{e}^{\mathrm{i}\omega_n T_0} +
\end{aligned}$$

$$\frac{3}{2}k_1^2A_n^3\phi''_n\phi'^2_n\mathrm{e}^{-3\mathrm{i}\omega_nT_0}+cc. \tag{7-17}$$

利用(7-17)的可解性条件可得

$$\Big\langle -2\dot{A}_n(\mathrm{i}\omega_n\phi_n+\gamma\phi'_n)-\mathrm{i}\alpha\omega_na_n\phi''''_n+\frac{1}{2}b\mathrm{e}^{\mathrm{i}\sigma T_1}+$$

$$k_1^2A_n^2\overline{A}_n\left(\frac{3}{2}\bar{\phi}''_n\phi'^2_n+3\phi''_n\phi'_n\bar{\phi}'_n\right)\phi_n\Big\rangle=0 \tag{7-18}$$

其中 $f(x)$和 $g(x)$在域[0, 1]上的内积定义如下

$$\langle f, g\rangle=\int_0^1 f\bar{g}\,\mathrm{d}x \tag{7-19}$$

利用(7-19)式，由(7-18)式得到

$$\dot{A}_n+\alpha\mu_nA_n+\frac{1}{2}b\chi_n\mathrm{e}^{\mathrm{i}\sigma T_1}+k_1^2\kappa_nA_n^2\overline{A}_n=0. \tag{7-20}$$

其中

$$\mu_n=\frac{\mathrm{i}\omega_n\int_0^1\phi''''_n\bar{\phi}_n\mathrm{d}x}{2\left(\mathrm{i}\omega_n\int_0^1\phi_n\bar{\phi}_n\mathrm{d}x+\gamma\int_0^1\phi'_n\bar{\phi}_n\mathrm{d}x\right)},$$

$$\chi_n=\frac{\int_0^1\bar{\phi}_n\mathrm{d}x}{2\left(\mathrm{i}\omega_n\int_0^1\bar{\phi}_n\phi_n\mathrm{d}x+\gamma\int_0^1\bar{\phi}_n\phi'_n\mathrm{d}x\right)}, \tag{7-21}$$

$$\kappa_n=\frac{3\int_0^1\bar{\phi}_n\bar{\phi}''_n\bar{\phi}'^2_n\mathrm{d}x+6\int_0^1\bar{\phi}_n\phi''_n\phi'_n\bar{\phi}'_n\mathrm{d}x}{4\left(\mathrm{i}\omega_n\int_0^1\bar{\phi}_n\phi_n\mathrm{d}x+\gamma\int_0^1\bar{\phi}_n\phi'_n\mathrm{d}x\right)}. \tag{7-22}$$

系数 μ_n，χ_n 和 κ_n 由线性未扰系统参数及由边界条件有关的模态所决定.

对于带有积分非线性项的控制方程(7-9)式，通过与上面类似的方法，利用可解性条件也可以得到式(7-20)，但其中的系数(7-22)式由下式决定

$$\kappa_n = \frac{\int_0^1 \bar{\phi}_n \bar{\phi}''_n \mathrm{d}x \int_0^1 \bar{\phi}'^2_n \mathrm{d}x + 2\int_0^1 \phi'_n \bar{\phi}'_n \mathrm{d}x \int_0^1 \bar{\phi}_n \phi''_n \mathrm{d}x}{4\left(\mathrm{i}\omega_n \int_0^1 \bar{\phi}_n \phi_n \mathrm{d}x + \gamma_0 \int_0^1 \bar{\phi}_n \phi'_n \mathrm{d}x\right)} \tag{7-23}$$

7.4 幅频响应

把(7-20)式的解写成极坐标形式

$$A_n(T_1) = a_n(T_1)\mathrm{e}^{\mathrm{i}\varphi_n(T_1)} \tag{7-24}$$

式中，$a_n(T_1)$ 和 $\varphi_n(T_1)$ 分别表示第 n 阶主共振慢变振幅变化的幅值和相角，当然它们是慢变时间尺度 T_1 的函数.

对于不同支承条件的模态函数，由上一章的数值计算可知

$$\mathrm{Re}(\mu_n) > 0,\ \mathrm{Im}(\mu_n) = 0;\ \mathrm{Re}(\kappa_n) = 0,\ \mathrm{Im}(\kappa_n) < 0. \tag{7-25}$$

把(7-24)及(7-25)式代入(7-20)式，把结果分离实部与虚部得到

$$\dot{a}_n = \frac{1}{2}b[\mathrm{Im}(\chi_n)\sin\theta_n - \mathrm{Re}(\chi_n)\cos\theta_n] - \alpha\mathrm{Re}(\mu_n)a_n,$$

$$a_n\dot{\theta}_n = \frac{1}{2}b[\mathrm{Im}(\chi_n)\cos\theta_n + \mathrm{Re}(\chi_n)\sin\theta_n] + a_n\sigma + k_1^2\mathrm{Im}(\kappa_n)a_n^3. \tag{7-26}$$

其中

$$\theta_n = \sigma T_1 - \varphi_n. \tag{7-27}$$

对于稳态响应，幅值 a_n 及新相位 θ_n 必须是常数，所以如果存在稳态响应，幅值 a_n 与相位 θ_n 需满足

$$\frac{1}{2}b[\mathrm{Im}(\chi_n)\sin\theta_n - \mathrm{Re}(\chi_n)\cos\theta_n] - \alpha\mathrm{Re}(\mu_n)a_n = 0,$$

$$\frac{1}{2}b[\mathrm{Im}(\chi_n)\cos\theta_n + \mathrm{Re}(\chi_n)\sin\theta_n] + a_n\sigma + k_1^2\mathrm{Im}(\kappa_n)a_n^3 = 0. \tag{7-28}$$

在(7-28)式中消去 θ_n，就得到因第 n 阶模态共振的幅值响应与调谐参数 σ 的关系

$$[\alpha\mathrm{Re}(\mu_n)a_n]^2 + [a_n\sigma + \mathrm{Im}(\kappa_n)k_1^2a_n^3]^2 = \frac{1}{4}b^2 \mid \chi_n \mid^2 \tag{7-29}$$

由(7-29)式可以得到轴向运动梁受迫振动的响应曲线. 考察响应曲线就可以观察非线性系数 k_1、激励振幅 b 以及粘弹性系数 α 的影响. 下面的数值算例中，我们就分别讨论两端铰支及两端固支支承条件下的受迫振动幅频响应曲线及各参数的影响.

7.4.1 两端铰支情况

以微分非线性偏微分方程为例，考虑两端铰支的运动梁，无量纲化刚度 $v_f = 0.8$ 无量纲化速度 $\gamma = 2.0$. 它因为受到外激励而产生的前两阶固有频率附近的响应如图 7-1 所示，未扰线性系统的前两阶固有频率分别为 $\omega_1 = 5.3692$ 和 $\omega_2 = 30.1200$. 对于第一阶主谐波共振，图中采用的系数为 $b = 0.3$，$\alpha = 0.003$，$k_1 = 0.1$，第二阶主谐波共振的响应中有 $b = 0.1$，$\alpha = 0.0003$，$k_1 = 0.05$. 很明显，图中所示的是一种典型的多平衡解的非线性现象，当激励频率接近固有频率即调谐参数 σ 接近零时，响应幅值变大. 当调谐参数值 σ 超过零时，出现了多个平衡位置同时存在的情况.

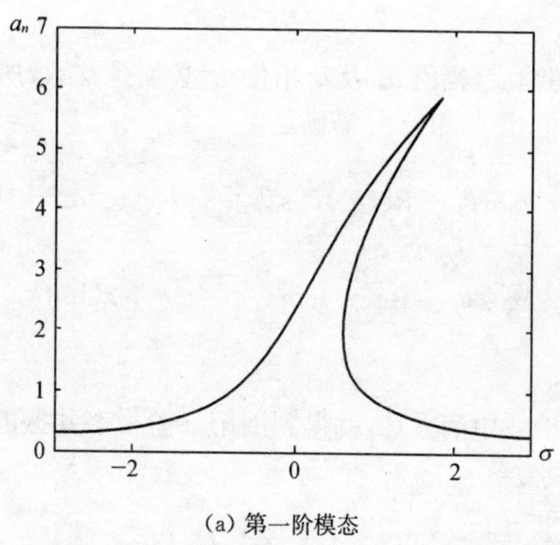

(a) 第一阶模态

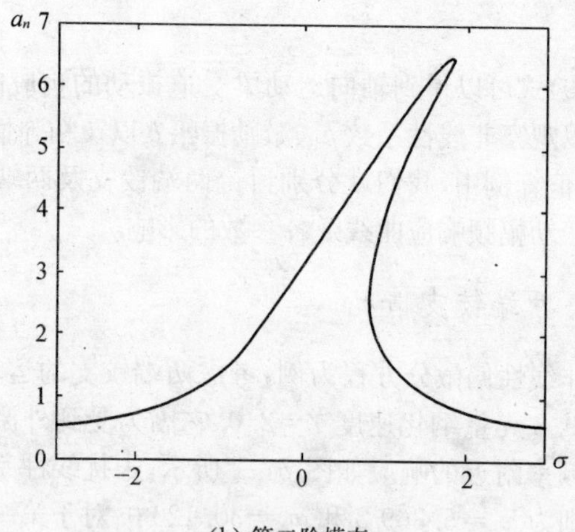

(b) 第二阶模态

图 7－1　铰支情况下幅频响应曲线

图 7－2 显示了不同非线性系数对幅频响应曲线的影响. 其中第一阶主谐波共振的幅频响应采用系数为 $b = 0.3$，$\alpha = 0.003$；第二阶主谐波共振的幅频响应采用系数为 $b = 0.1$，$\alpha = 0.000\,3$. 由图中给

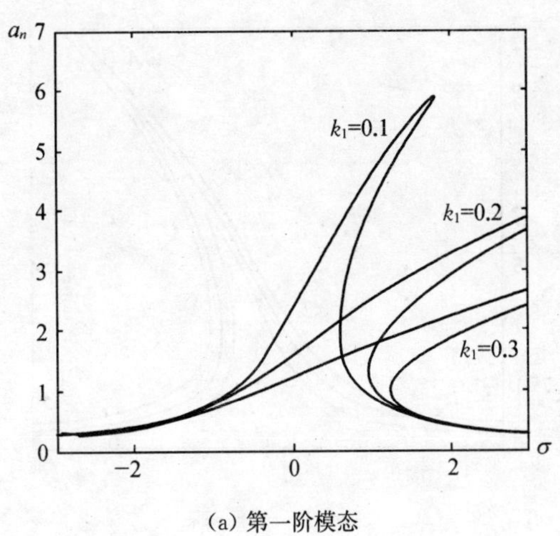

(a) 第一阶模态

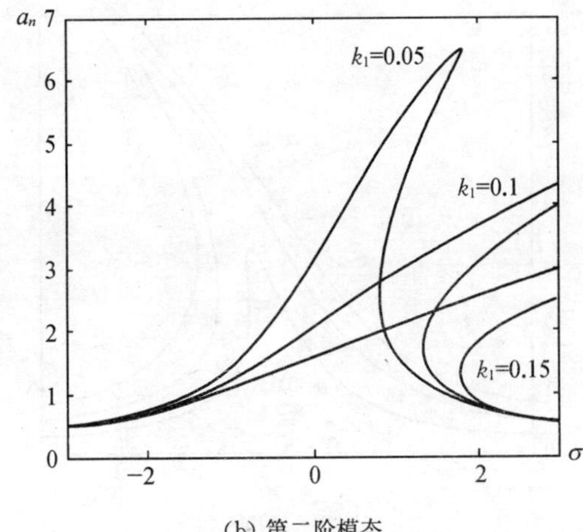

(b) 第二阶模态

图 7－2　铰支情况下非线性系数 k_1 对幅频响应曲线的影响

出不同非线性系数值对应的响应曲线.

图 7－3 及图 7－4 分别给出了激励振幅及粘弹性系数的影响. 由图中不同的激励振幅值很明显可以看出给,激励振幅增大导致响应

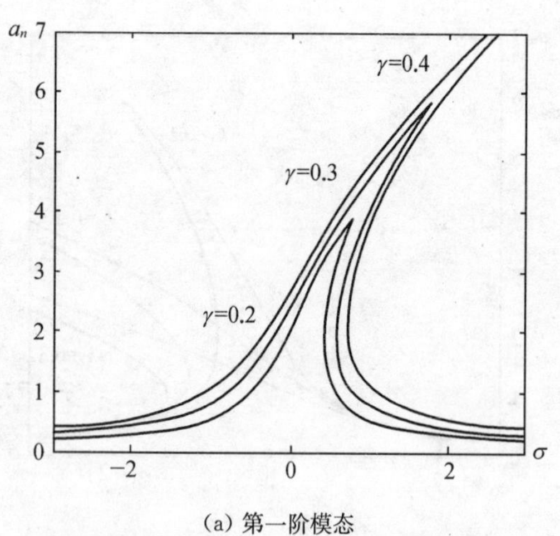

(a) 第一阶模态

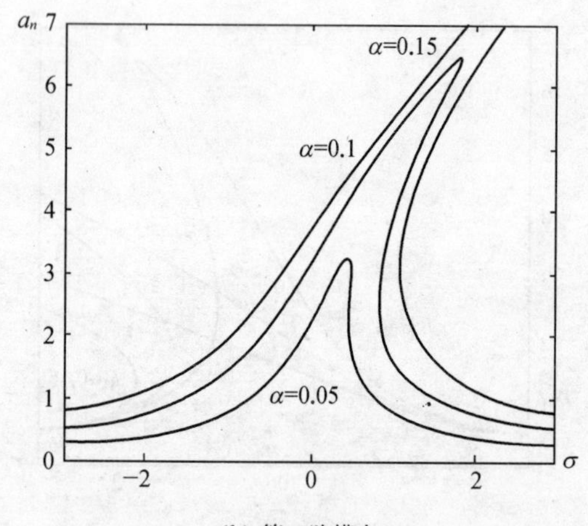

(b) 第二阶模态

图 7-3　铰支情况下激励振幅 *b* 对幅频响应曲线的影响

振幅增大. 比较不同的粘弹性阻尼系数,则效果正好相反,阻尼抑制了响应振幅的增大,较大的阻尼使响应振幅减小.

图 7-5 给出微分非线性模型控制方程(7-8)及积分非线性模型

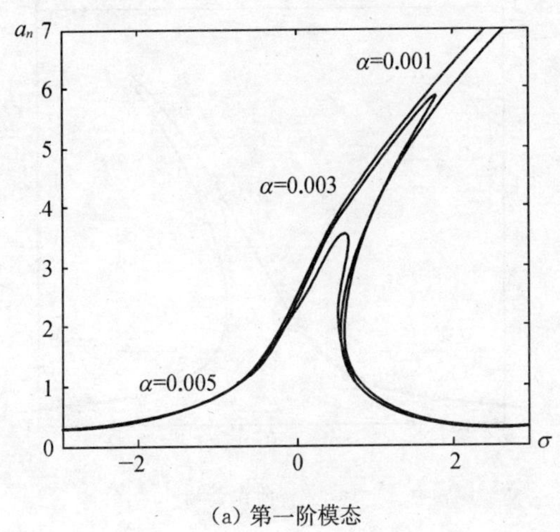

(a) 第一阶模态

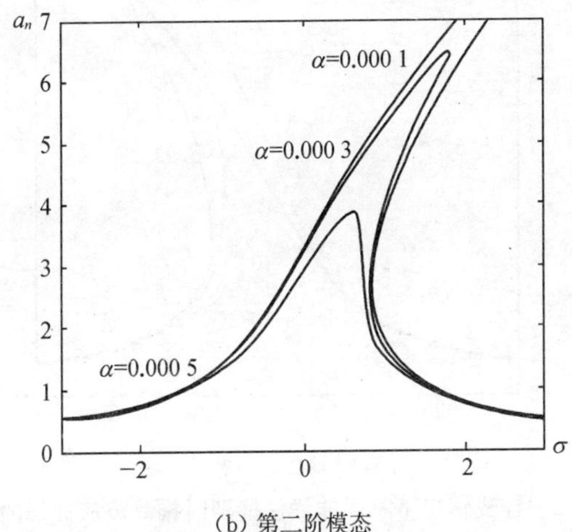

(b) 第二阶模态

图 7－4　铰支情况下粘弹性系数 α 对幅频响应曲线的影响

控制方程(7－9)式，相同系数下的响应曲线的比较，图中实线表示微分非线性模型，虚线表示积分非线性模型. 可以明显看出，微分非线性模型的非线性要比积分非线性模型强，这是因为积分非线性模型

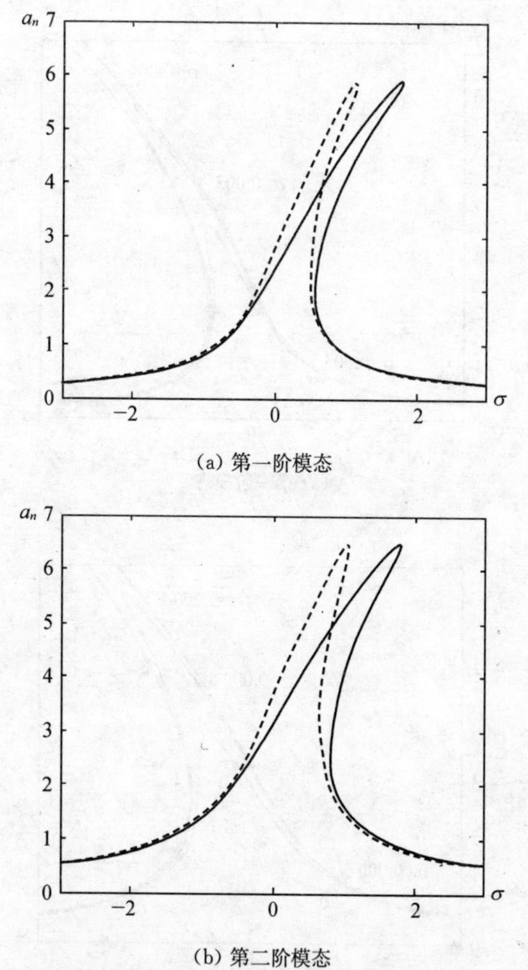

图 7-5　铰支情况下不同非线性模型时幅频响应曲线的比较

取应力的轴向平均值而造成的.

7.4.2　两端固支情况

下面分析两端固支情况下,受激励轴向运动梁的响应特性. 计算

(7－29)式，此时系数中的模态函数由两端固支条件得来. 考虑两端固支运动梁的无量纲系数为 $k_f = 0.8$ 和 $\gamma_0 = 4.0$，它对应的未扰系统的前两阶固有频率为 $\omega_1 = 9.5146$ 和 $\omega_2 = 43.3456$.

给定参数 $b = 0.01$，$\alpha = 0.0001$，$k_1 = 200$，图 7－6 描述了前两阶

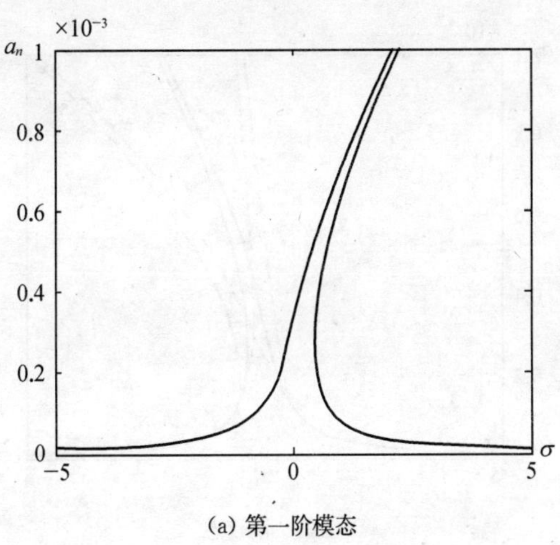

(a) 第一阶模态

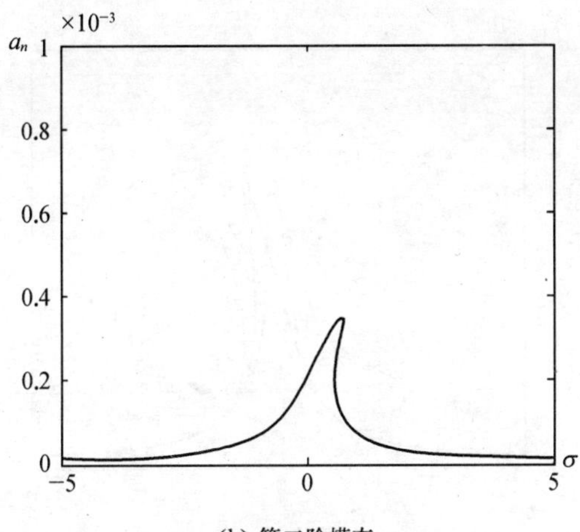

(b) 第二阶模态

图 7－6　固支情况下幅频响应曲线

稳态值频响应的曲线. 当调谐参数接近零时,产生共振从而振幅变大.

图 7-7 给出了不同非线性项系数 k_1 的影响,在图中有 $b=0.01$, $\alpha=0.0001$. 图中虚数、实线及点划线分别表示 $k_1=100$, 200, 300 时的响应曲线. 随着 k_1 值的增大,响应曲线峰值向右弯曲,实际

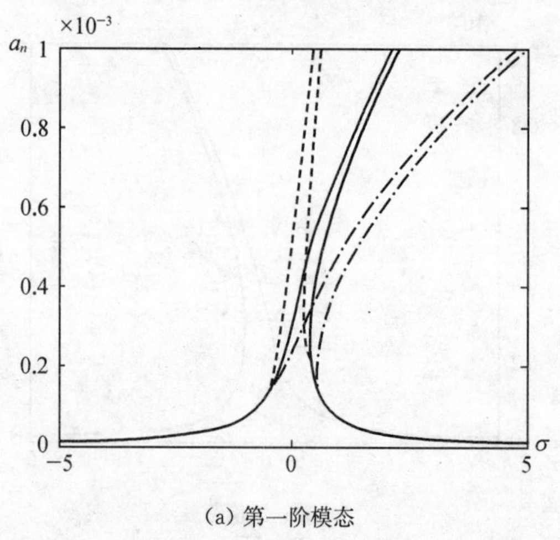

(a) 第一阶模态

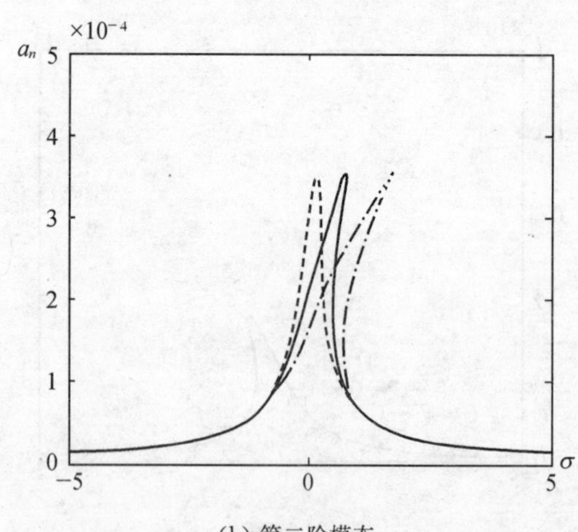

(b) 第二阶模态

图 7-7　固支情况下非线性系数 k_1 对幅频响应曲线的影响

上，k_1 对响应频率范围影响不大.

图 7－8 显示了激励幅值对响应曲线的影响. 图中参数有 $\alpha = 0.0001$ 及 $k_1 = 200$，而虚线、实线和点划线分别表示激励幅值 $b = 0.002, 0.01, 0.03$ 时的响应曲线. b 的增大，导致振幅 $a_n (n = 1, 2)$ 的增大.

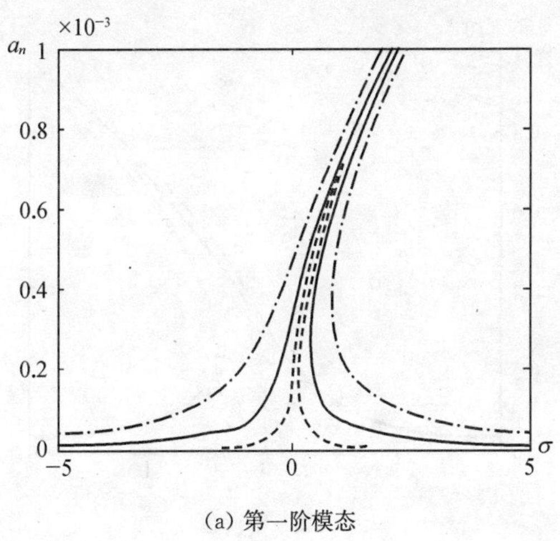

(a) 第一阶模态

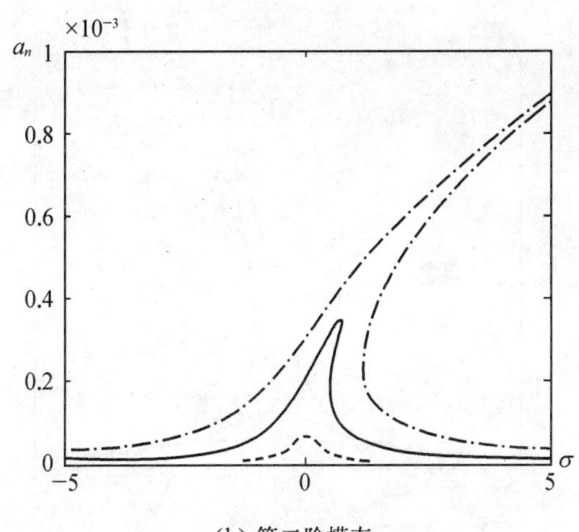

(b) 第二阶模态

图 7－8　固支情况下粘弹性系数 α 对幅频响应曲线的影响

图 7－9 表明了粘弹性系数对响应曲线的影响，图中系数有 $b=0.01$ 及 $k_1=200$，而虚线、实线及点划线分别代表 $\alpha=0.0001, 0.0005, 0.001$ 时的响应曲线. 粘弹性阻尼的增大使共振振幅减小. 另外还可以注意到，粘弹性系数对第二阶主谐波共振的影响要大.

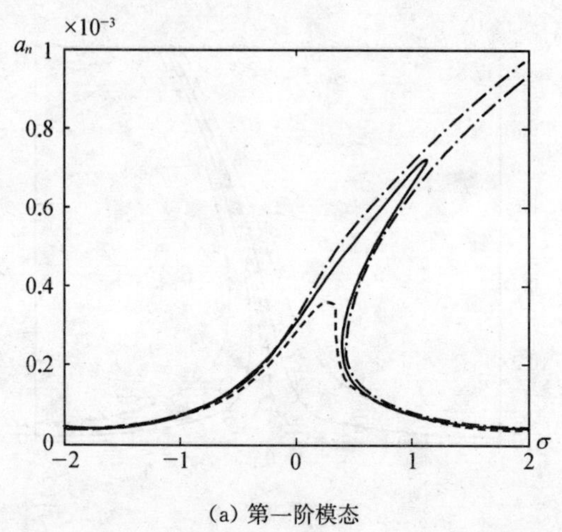

(a) 第一阶模态

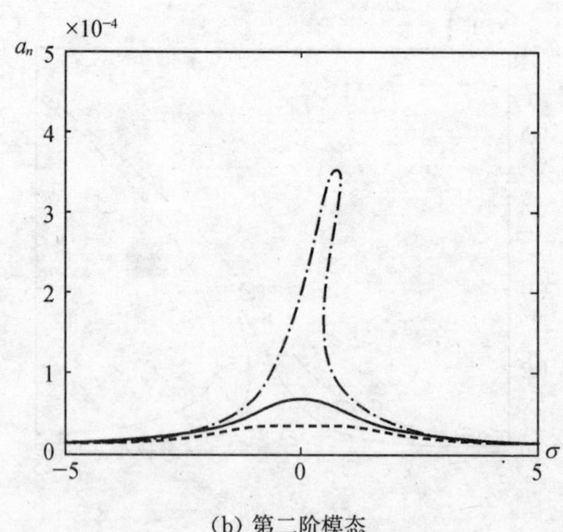

(b) 第二阶模态

图 7－9　固支情况下粘弹性系数 α 对幅频响应曲线的影响

以上分析是对应于微分非线性项控制方程(7-8)的情况，对于积分偏微分方程(7-9)式，可以用同样的方法得到，且结果类似. 但是两种非线性在程度上有所不同，图 7-10 给出了两种非线性模型下两端固支运动梁受迫振动影响应曲线的比较，图中参数设为 $b = 0.01$,

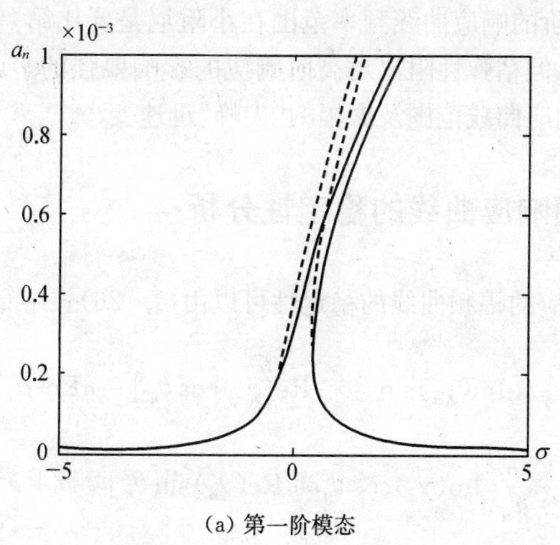

(a) 第一阶模态

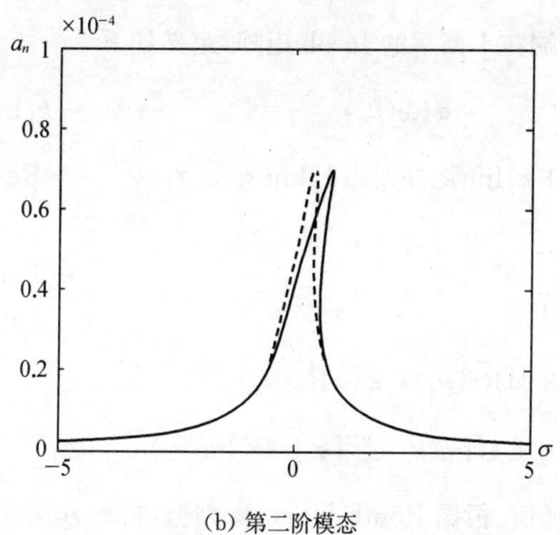

(b) 第二阶模态

图 7-10 固支情况下不同非线性模型时幅频响应曲线的比较

$\alpha = 0.000\,1$, $k_1 = 200$. 实线代表微分非线性模型,虚线代表积分非线性模型. 明显,微分非线性模型强于积分非线性模型,这同由运动梁自由振动及参数共振所得的结果是完全一致的.

由以上各图形,比较第1及第2阶前两阶模态下的响应曲线,可以发现第二阶的响应曲线频率范围在小阻尼是要比第一阶响应曲线频率范围大,但粘弹性阻尼对高阶响应的影响要强的多,当阻尼增大时,第二阶响应曲线范围及振幅的"尖峰"迅速变小.

7.5 幅频响应曲线的稳定性分析

稳态响应的幅频曲线的稳定性可以由(7-26)式中令 $a_n \neq 0$ 决定

$$\dot{a}_n = \frac{1}{2}b[\operatorname{Im}(\chi_n)\sin\theta_n - \operatorname{Re}(\chi_n)\cos\theta_n] - \alpha\operatorname{Re}(\mu_n)a_n,$$

$$\dot{\theta}_n = \frac{1}{2}\frac{b}{a_n}[\operatorname{Im}(\chi_n)\cos\theta_n + \operatorname{Re}(\chi_n)\sin\theta_n] + \sigma + k_1^2\operatorname{Im}(\kappa_n)a_n^2. \tag{7-30}$$

(7-30)式右端在平衡解的Jacob矩阵,定义如下

$$\boldsymbol{J} = \begin{pmatrix} -\alpha\operatorname{Re}(\mu_n) & -\sigma a_n - k_1^2\operatorname{Im}(\kappa_n)a_n^3 - \\ \frac{1}{a_n}[\sigma + k_1^2\operatorname{Im}(\kappa_n)a_n^2] + k_1^2\operatorname{Im}(\kappa_n)a_n & -\alpha\operatorname{Re}(\mu_n) \end{pmatrix} \tag{7-31}$$

它的特征方程为

$$\lambda^2 + 2\alpha\operatorname{Re}(\mu_n)\lambda + [\alpha\operatorname{Re}(\mu_n)]^2 + [\sigma + k_1^2\operatorname{Im}(\kappa_n)a_n^2][\sigma + 3k_1^2\operatorname{Im}(\kappa_n)a_n^2] = 0 \tag{7-32}$$

其中 λ 为特征值. 根据Routh-Hurwitz判据,特征方程(7-32)式的全部根有负实部,如果下面不等式成立,

$$[\alpha \mathrm{Re}(\mu_n)]^2 + [\sigma + k_1^2 \mathrm{Im}(\kappa_n) a_n^2][\sigma + 3k_1^2 \mathrm{Im}(\kappa_n) a_n^2] > 0. \tag{7-33}$$

在这个条件下,由(7-30)决定的平衡解稳定,否则不稳定.失稳的边界为

$$[\alpha \mathrm{Re}(\mu_n)]^2 + [\sigma + k_1^2 \mathrm{Im}(\kappa_n) a_n^2][\sigma + 3k_1^2 \mathrm{Im}(\kappa_n) a_n^2] = 0. \tag{7-34}$$

下面分析两端铰支情况的响应曲线稳定性问题.图 7-11 中,实线表示响应曲线,而虚线表示失稳边界,在这个边界的区域不稳定,而外面的范围稳定.在不稳定的区域范围内会出现跃跳现象,如果激励频率增加直到失稳区域,振动幅值从较大的值跳到小值;如果激励频率由大值减小到失稳区域内,则振幅由较小的值跳到较大的值.

响应曲线与失稳边界曲线的交点,即响应曲线稳定与不稳定的临界点可以由(7-29)及(7-34)二式的共解得到,

$$\frac{\mathrm{d}a_n}{\mathrm{d}\sigma} = \frac{\sigma a_n + k_1^2 \mathrm{Im}(\kappa_n) a_n^3}{[\alpha \mathrm{Re}(\mu_n)]^2 + [\sigma + k_1^2 \mathrm{Im}(\kappa_n) a_n^2][\sigma + 3k_1^2 \mathrm{Im}(\kappa_n) a_n^2]} \tag{7-35}$$

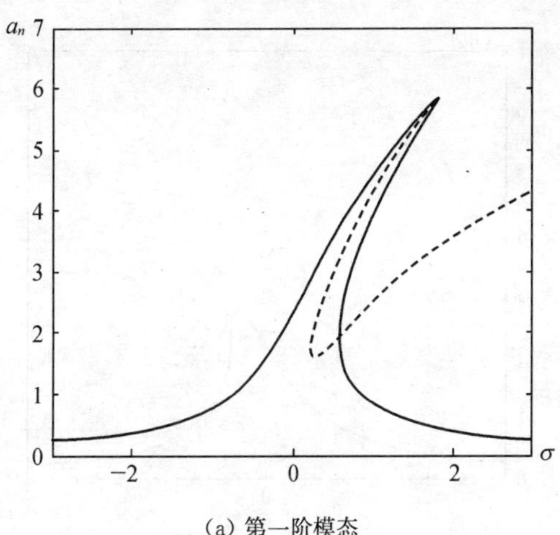

(a) 第一阶模态

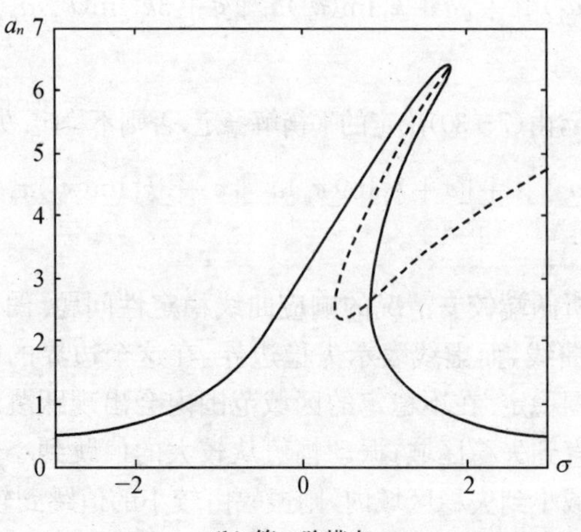

(b) 第二阶模态

图 7 - 11　铰支条件下响应曲线的稳定性

微分在交点时趋于无穷，也就是说临界点处的切线与 a_n 轴平行.

如果采用合适的参数，响应曲线可能会变的总是稳定. 增大阻尼(图 7 - 12)或减小激励振幅(图 7 - 13)都有可能使响应曲线与失稳边界无交点，而不出现跳跃现象，当然整个响应曲线也全部稳定.

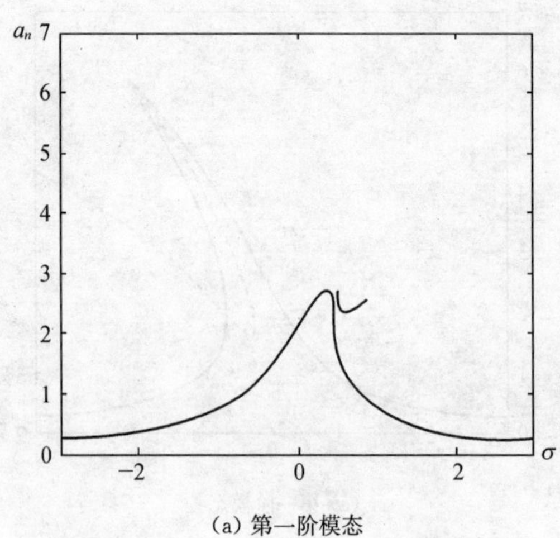

(a) 第一阶模态

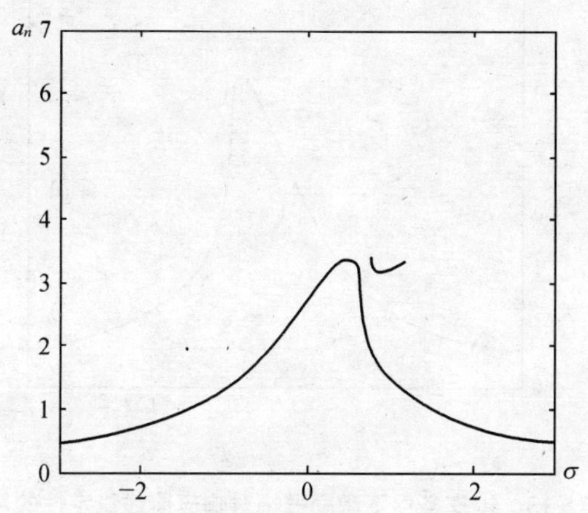

(b) 第二阶模态

图 7-12　铰支条件下阻尼对响应曲线稳定性的影响

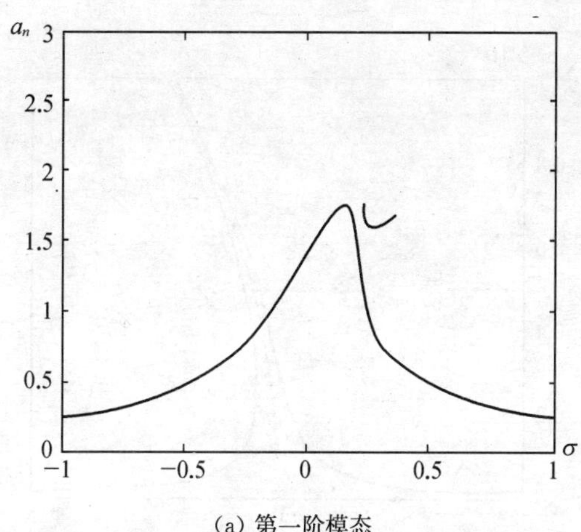

(a) 第一阶模态

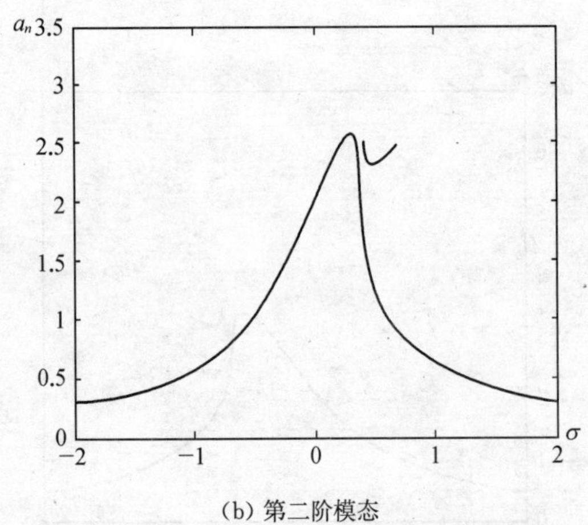

(b) 第二阶模态

图 7－13　铰支条件下激励振幅对响应曲线稳定性的影响

下面考察两端固支运动梁的情况. 图 7－14 给出了系数有 $b = 0.01$，$\alpha = 0.0001$ 和 $k_1 = 200$ 时前两阶主谐波共振的响应曲线及失稳边界. 图中实线为响应曲线而虚线表示失稳边界.

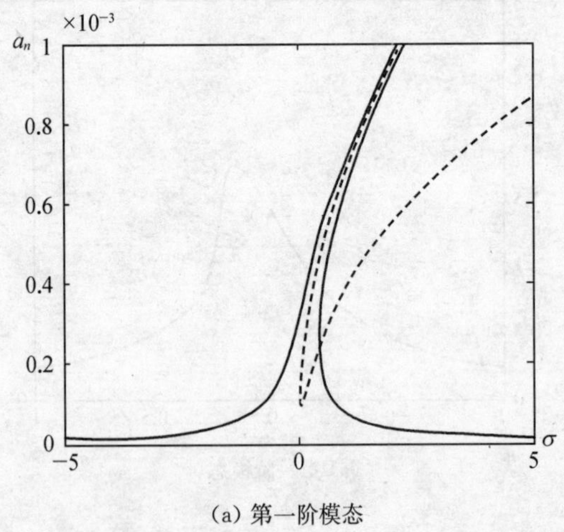

(a) 第一阶模态

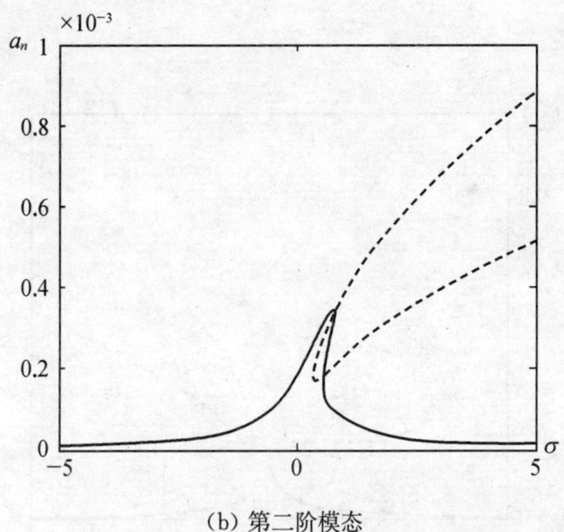

(b) 第二阶模态

图 7－14　固支条件下响应曲线的稳定性

同样当调整适当参数时，也会使跳跃现象消失，而整个影响曲线稳定. 图 7－15 及图 7－16 显示当取较小激励振幅或较大阻尼时跳跃现象消失的情况.

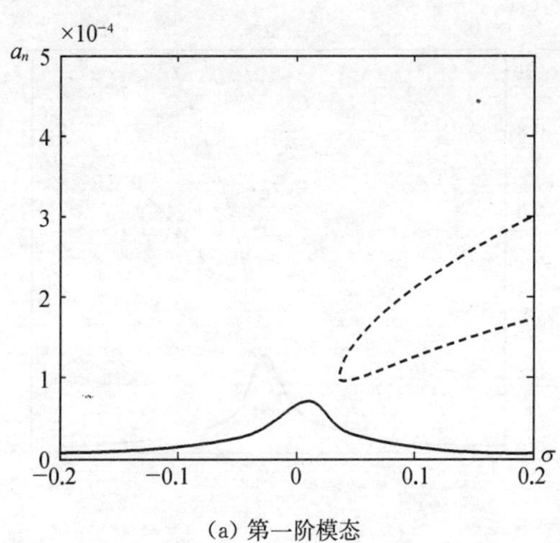

(a) 第一阶模态

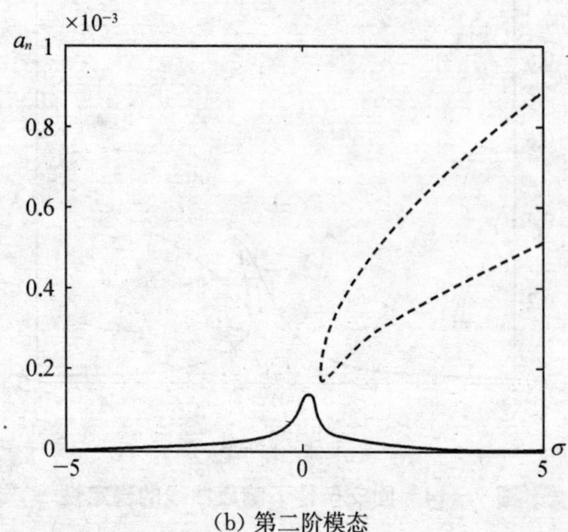

(b) 第二阶模态

图 7－15　固支条件下激励振幅对响应曲线稳定性的影响

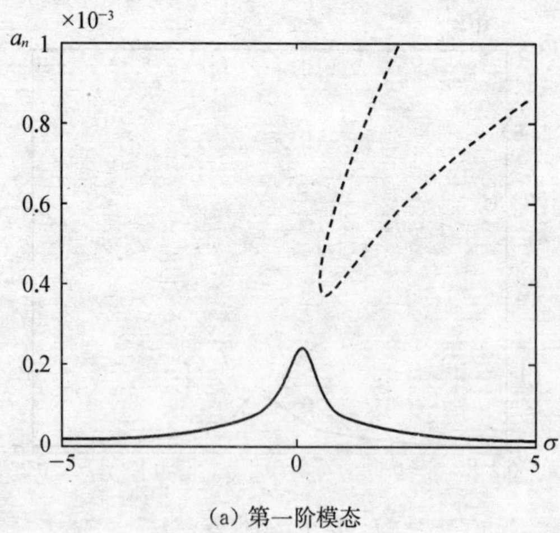

(a) 第一阶模态

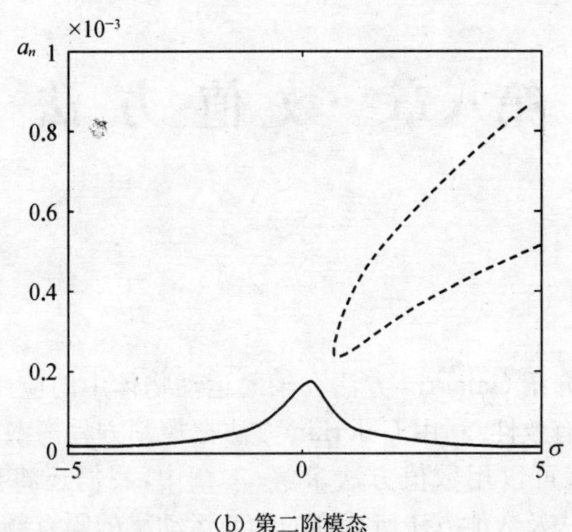

(b) 第二阶模态

图 7－16　固支条件下阻尼对响应曲线稳定性的影响

7.6　小结

本章分析了粘弹性梁的非线性受迫共振响应情况. 研究了微分非线性项控制方程和由取应力轴向平均的积分非线性项的控制方程. 利用直接多尺度法讨论了系统主共振时的稳态幅频响应以及非线性项、激励振幅及粘弹性阻尼各参数的影响. 分析稳定点的线性化方程,可以确定响应曲线的稳定性. 扰动振幅增大使共振振幅增大,而增大阻尼使共振振幅减小,且阻尼对高阶共振时的影响比对低阶的共振影响要大的多. 调整合适的参数,比如增大阻或者减小激励振幅,响应曲线上就可能不存在斜率无穷的点,此时,响应曲线上每个位置都是稳定的,也不会出现跳跃现象.

第八章　数 值 方 法

8.1　前言

本章将介绍 Galerkin 方法在轴向运动物体中的应用，举例验证这种方法的有效性. 利用 Galerkin 方法把控制方程离散化为常微分方程，这样就可以用数值方法求解. 本章中，我们还将用不同阶次 Galerkin 方法及数值方法所得到的轴向运动梁的固有频率与分析结果相比较，并比较不同方法得到的加速运动梁共振失稳区域.

最后，我们还利用这种离散-数值方法讨论高速运动的轴向加速运动梁的非线性振动系统随不同参数的分岔行为，发现了伴随不同参数所出现的 Hopf 分岔、倍周期分岔及混沌现象.

8.2　Galerkin 方法在超临界速度时的应用

在轴向运动梁的分析中，Galerkin 截断法得到了广泛的应用. 在两端铰支的运动梁及弦线问题上，人们把其解设为简单的 Fourier 级数形式，而不是用系统的特征方程，结果证明，Galerkin 截断法的应用会得到比较理想的效果. 本节首先验证两端铰支的轴向运动梁用以正弦级数展开的 Galerkin 截断法的正确性，然后分析两端固支的轴向运动梁，判断利用 Galerkin 截断法时，选取哪种特征函数，能够得到比较理想的结果.

考虑匀速轴向运动线性控制方程

$$\frac{\partial^2 u}{\partial t^2}+2\gamma\frac{\partial^2 u}{\partial x\partial t}+(\gamma^2-1)\frac{\partial^2 u}{\partial x^2}+v_f^2\frac{\partial^4 u}{\partial x^4}=0 \qquad (8-1)$$

无量纲化的边界条件，两端铰支梁为

$$u(0,\ t) = u(1,\ t) = 0,\ \frac{\partial^2 u(0,\ t)}{\partial x^2} = \frac{\partial^2 u(1,\ t)}{\partial x^2} = 0 \quad (8-2)$$

两端固支梁为

$$u(0,\ t) = u(1,\ t) = 0,\ \frac{\partial u(0,\ t)}{\partial x} = \frac{\partial u(1,\ t)}{\partial x} = 0 \quad (8-3)$$

现在我们寻找运动梁的失稳临界速度. 设梁存在非零平衡点，此时梁的截向位移与时间变量无关时，由(8-1)式可得

$$(\gamma^2 - 1)\frac{\partial^2 u}{\partial x^2} + v_f^2 \frac{\partial^4 u}{\partial x^4} = 0 \quad (8-4)$$

并且满足相应的边界条件(8-2)或(8-3). 两端铰支梁 $u^2 - 1 = (n\pi)^2$，或两端固支梁时 $u^2 - 1 = (2n\pi)^2$ 的情况下，(8-4)式存在非零解，这里 n 为整数. 当 $n = 1$ 时就可以得到两种支承边界条件下的临界速度.

8.2.1 两端铰支梁的 Galerkin 截断

为了使连续介质系统的微分方程化为有限维的形式，采用 Galerkin 截断法，把位移变量表达为

$$u(x,\ t) = \sum_{n=1}^{N} q_n(t)\varphi_n(x) \quad (8-5)$$

如果 $\varphi_n(x)$ 选取偏微分方程(8-1)的特征函数，则其离散化方程会随 N 增大而快速收敛. 但是由前面章节的分析可知，由于梁的运动方程的特征函数不像运动弦线问题一样简单，所以，这里我们先取 $u = 0$，即两端铰支静止梁的特征方程

$$\varphi_n(x) = \sin(n\pi x) \quad (8-6)$$

上式中，$n\pi$ 为两端铰支静止梁的特征值，选取这样的 $\varphi_n(x)$，

(8-5)式满足边界条件(8-2)式.

为了验证 $\varphi_n(x)$ 选取的正确性,我们考察离散化方程的稳定性.为方便表达,(8-5)式表示为矩阵形式

$$u(x,\ t)=\boldsymbol{\varphi}^{\mathrm{T}}\boldsymbol{q} \tag{8-7}$$

其中

$$\begin{aligned}\boldsymbol{q}&=[q_1(t)\quad q_2(t)\quad \cdots\quad q_N(t)]\\ \boldsymbol{\varphi}&=[\varphi_1(t)\quad \varphi_2(t)\quad \cdots\quad \varphi_N(t)]\end{aligned} \tag{8-8}$$

(8-1)式化为

$$\boldsymbol{\varphi}^{\mathrm{T}}\ddot{\boldsymbol{q}}+2u\boldsymbol{\varphi}'^{\mathrm{T}}\dot{\boldsymbol{q}}+(u^2-1)\boldsymbol{\varphi}''^{\mathrm{T}}\boldsymbol{q}+v_f^2\boldsymbol{\varphi}^{(4)\mathrm{T}}\boldsymbol{q}=0 \tag{8-9}$$

上式两端前乘以 $\boldsymbol{\varphi}$,并在[0, 1]区间上积分,得到

$$\boldsymbol{I}\ddot{\boldsymbol{q}}+\boldsymbol{C}\dot{\boldsymbol{q}}+\boldsymbol{K}\boldsymbol{q}=0 \tag{8-10}$$

其中

$$\begin{aligned}&\boldsymbol{I}=\int_0^1\boldsymbol{\varphi}\boldsymbol{\varphi}^{\mathrm{T}}\mathrm{d}x,\ \boldsymbol{C}=2u\int_0^1\boldsymbol{\varphi}\boldsymbol{\varphi}'^{\mathrm{T}}\mathrm{d}x\\ &\boldsymbol{K}=(u^2-1)\int_0^1\boldsymbol{\varphi}\boldsymbol{\varphi}''^{\mathrm{T}}\mathrm{d}x+v_f^2\int_0^1\boldsymbol{\varphi}\boldsymbol{\varphi}^{(4)\mathrm{T}}\mathrm{d}x\end{aligned} \tag{8-11}$$

$\boldsymbol{I}$ 为单位矩阵,$\boldsymbol{C}$ 为反对称矩阵,$\boldsymbol{K}$ 为对称矩阵.

为分析方便,设

$$\boldsymbol{p}=[\dot{\boldsymbol{q}}^{\mathrm{T}},\ \boldsymbol{q}^{\mathrm{T}}]^{\mathrm{T}} \tag{8-12}$$

则(8-10)式化为

$$\dot{\boldsymbol{p}}=\boldsymbol{A}\boldsymbol{p} \tag{8-13}$$

其中

$$\boldsymbol{A}=\begin{pmatrix}-\boldsymbol{C} & -\boldsymbol{K}\\ \boldsymbol{I} & \boldsymbol{O}\end{pmatrix} \tag{8-14}$$

矩阵 $\boldsymbol{A}$ 特征值的符号决定了线性方程(8-10)的稳定性,考察不

同截断阶数时系统在 $u\text{-}v_f$ 平面上和稳定性. 图 8-1 给出了不同离散数 N 的因为轴向速度超过临界速度而引在 $u-v_f$ 平面上引起的失稳区域(阴影部分),由图中可以看出,计算高速运动梁,即计算轴向速度超过临界速度的运动梁振动特性时,取 $N \geqslant 3$ 会有较好的效果.

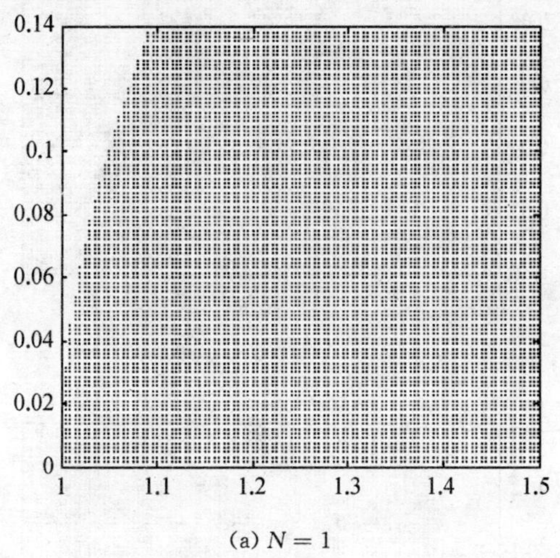

(a) $N=1$

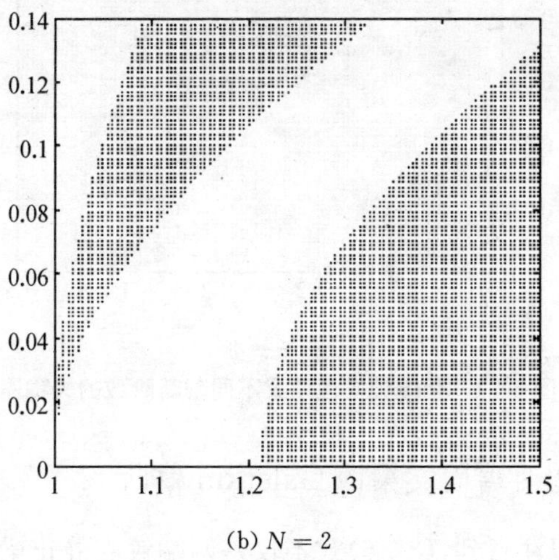

(b) $N=2$

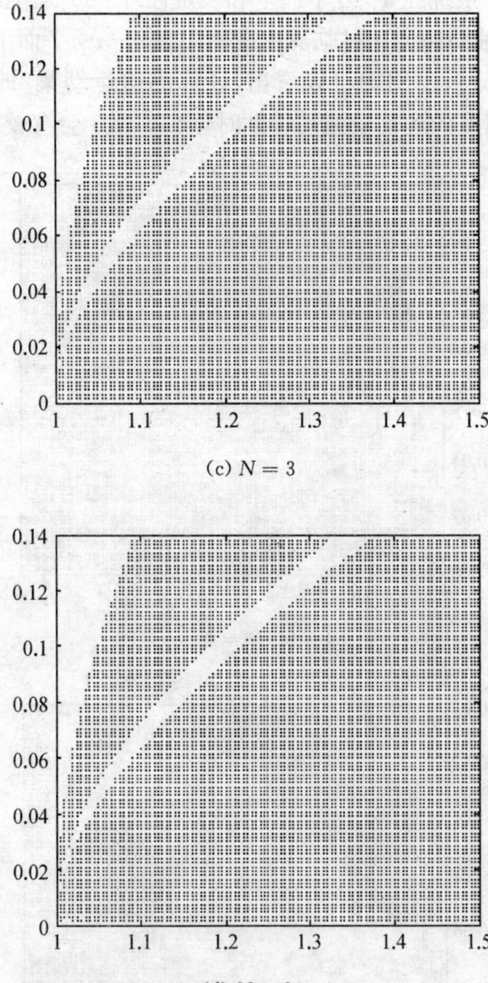

(c) $N=3$

(d) $N=24$

图8-1 两端铰支运动梁不同截断阶数的失稳图

8.2.2 两端固支梁的 Galerkin 截断

我们可以注意到,(8-6)式不仅是两端铰支静止梁的特征函数,也是两端铰支条件下(8-4)式的特征方程. 而两端固支条件下，静止梁的特征函数，与(8-4)式的特征函数不同，所以固支条件下，Galerkin 截断方法对特征函数的选取就出现了两种选择.

首先我们会想到选取 $\varphi(x)$ 为 $u=0$ 即两端固支静止梁的特征函数

$$\varphi_n(x)=\cos\beta_n x-\cosh\beta_n x+\eta_n(\sin\beta_n x-\sinh\beta_n x) \tag{8-15}$$

其中

$$\eta_n=-\frac{\cos\beta_n-\cosh\beta_n}{\sin\beta_n-\sinh\beta_n} \tag{8-16}$$

而 β_n 为 $\cos\beta_n\cosh\beta_n-1=0$ 的第 n 个根. 此时 $u(x,t)$ 满足两端固支梁的边界条件(8-3)式. 对(8-1)式用 Galerkin 截断法做离散，可以得到类似于(8-10)式的线性微分方程.

考察不同截断阶数 N 时的失稳情况，从图 8-2 给出的 u-v_f 平面上失稳区域(阴影部分)，可以看出，当 $N\geqslant 3$ 时，稳定性区域的变化差别较小，所以可以说 Galerkin 截断中 $\varphi(x)$ 的选取是有效的.

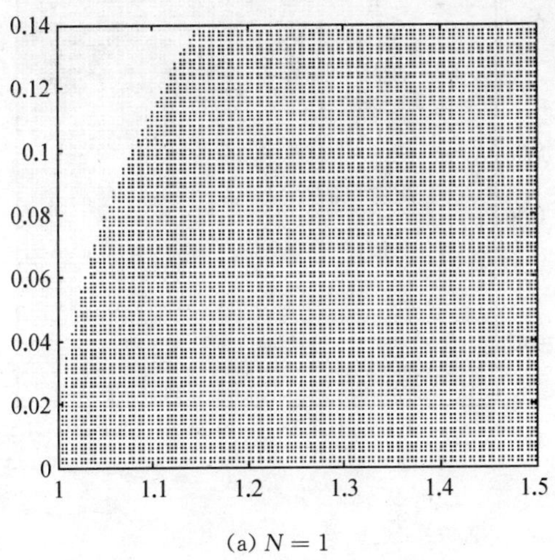

(a) $N=1$

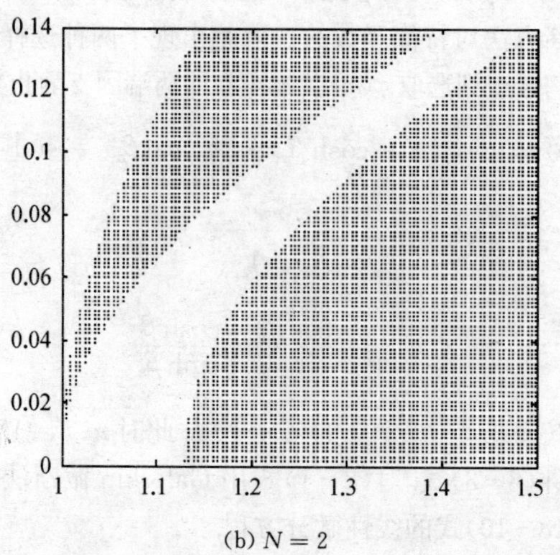
0.14
0.12
0.1
0.08
0.06
0.04
0.02
0
1
1.1
1.2
1.3
1.4
1.5

(b) $N=2$

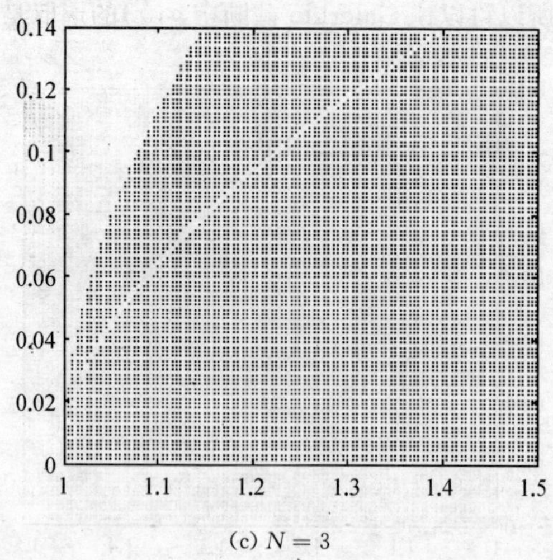
0.14
0.12
0.1
0.08
0.06
0.04
0.02
0
1
1.1
1.2
1.3
1.4
1.5

(c) $N=3$

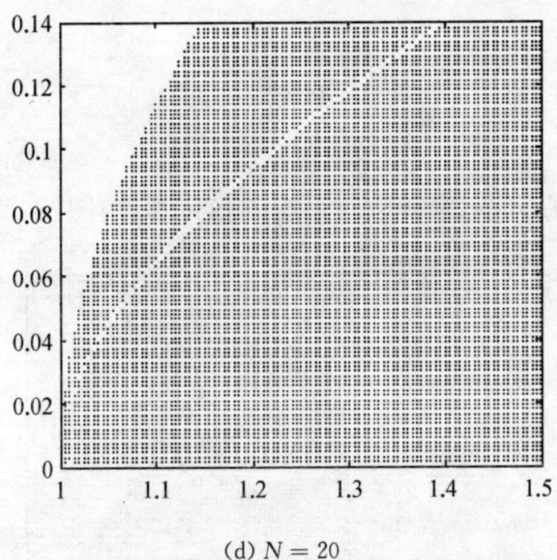

(d) $N=20$

图 8-2 两端固支运动梁采用(8-15)式做特征函数时不同截断阶数的失稳图

现在我们考虑 $\varphi(x)$ 试验选取方程(8-4)式特征函数的情况. 方程(8-4)的特征方程为

$$\varphi_n(x)=\begin{cases}1-\cos\beta_n x, & n=2k-1\\ 1-x-\cos\beta_n x+\dfrac{1}{\beta_n}\sin\beta_n x, & n=2k\end{cases}\quad (k\text{ 为自然数}) \tag{8-17}$$

其中 β_n 为 $2(1-\cos\beta_n)-\beta_n\sin\beta_n=0$ 的第 n 个根. 此时可以证明 $u(x,\ t)$满足两端固支梁的边界条件(8-3)式.

采用此种特征函数,利用 Galerkin 截断法对方程(8-1)做离散化,同样可以得到类似于方程(8-10)式的常微分方程组

$$\boldsymbol{J}\ddot{\boldsymbol{q}}+\boldsymbol{C}\dot{\boldsymbol{q}}+\boldsymbol{K}\boldsymbol{q}=0 \tag{8-18}$$

在上式中,当 Galerkin 截断阶数 $N>2$ 时,系数矩阵 $\boldsymbol{J}$ 不再是单位矩阵,利用(8-11)式得到的方程

$$\dot{\boldsymbol{p}}=\boldsymbol{A}\boldsymbol{p} \tag{8-19}$$

式中有

$$\boldsymbol{A}=\begin{pmatrix}-\boldsymbol{J}^{-1}\boldsymbol{C} & -\boldsymbol{J}^{-1}\boldsymbol{K}\\ \boldsymbol{I} & \boldsymbol{O}\end{pmatrix} \tag{8-20}$$

同样考察不同截断阶数时系统的稳定性，由图(8-3)可以知道，

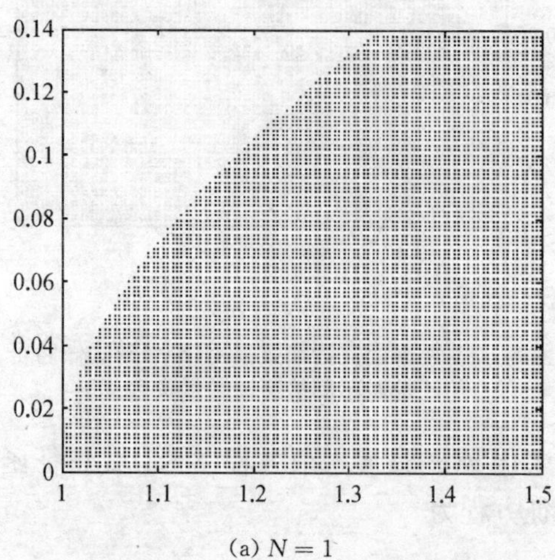

(a) $N=1$

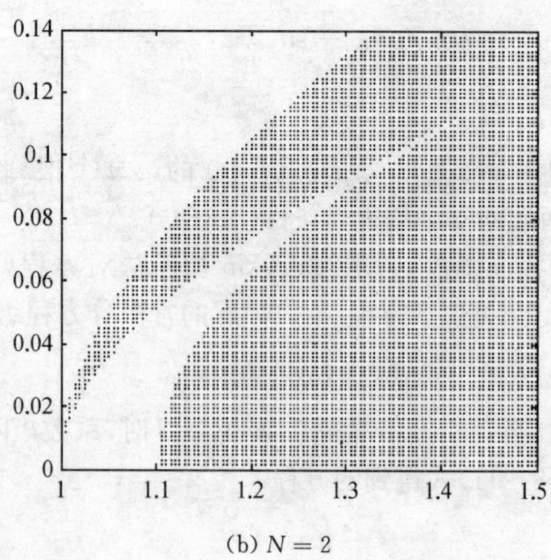

(b) $N=2$

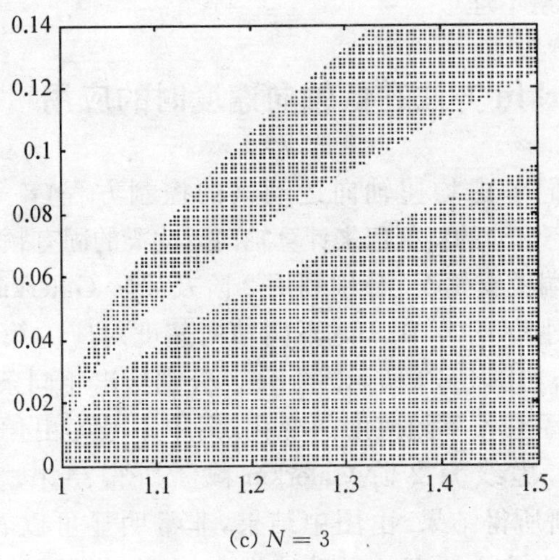

(c) $N=3$

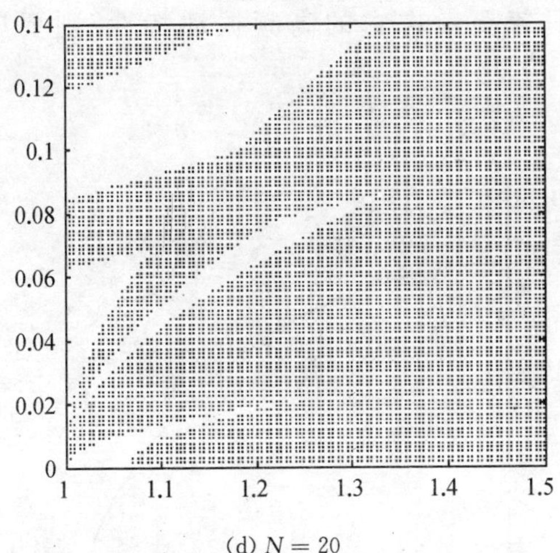

(d) $N=20$

图 8-3　两端固支运动梁采用(8-17)式做特征函数时不同截断阶数的失稳图

失稳区域的形状随 N 的增加而有着不规则的变化，从而，我们确定，两端固支的运动梁采用 Galerkin 截断法进行离散化时，特征函数取

(8－17)式效果不理想.

8.3 Galerkin方法在低轴向速度时的应用

下面我们考虑均速轴向运动梁的控制方程(8－1)式,利用(8－14)及(8－15)的特征值来计算轴向运动梁的固有频率问题.

对于两端铰支情况,分别利用2阶及4阶Galerkin截断,算出了无量纲化刚度 $v_f = 0.8$ 时不同轴向速度对应的第一阶及第二阶固有频率,如图8－4所示.图8－5分别给出相同条件下两端固支情况时的固有频率随速度的变化.图中＋号为由偏微分方程所得到真实解,虚线为2阶Galerkin截断所得结果,实线为4阶Galerkin截断所得结果.由图中结果,非常明显可以看出,当研究低速轴向运动梁低频率的振动特性时,2阶Galerkin截断有着不错的效果,但若要考虑它的高频振动特性,则要应用高阶的Galerkin截断方法.

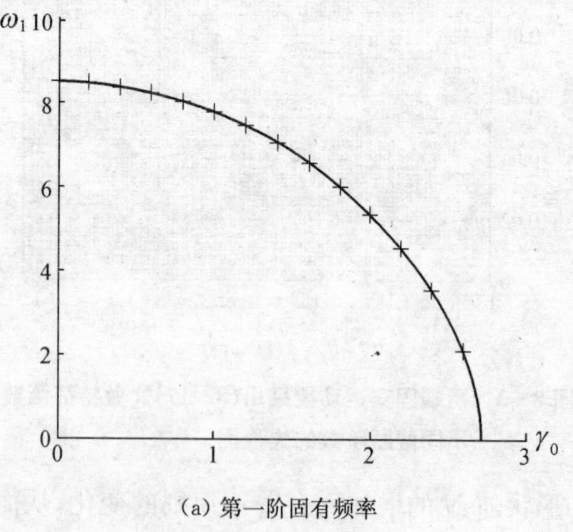

(a) 第一阶固有频率

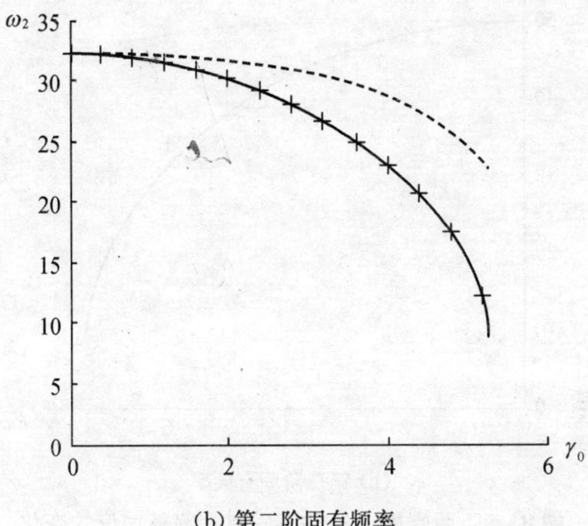

(b) 第二阶固有频率

图 8-4　两端铰支条件下固有频率随速度的变化

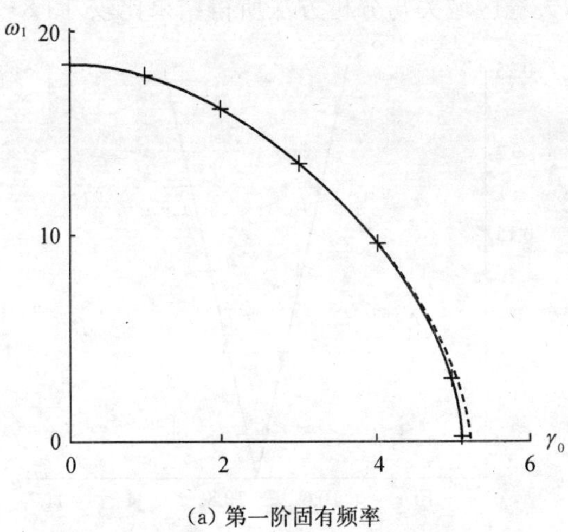

(a) 第一阶固有频率

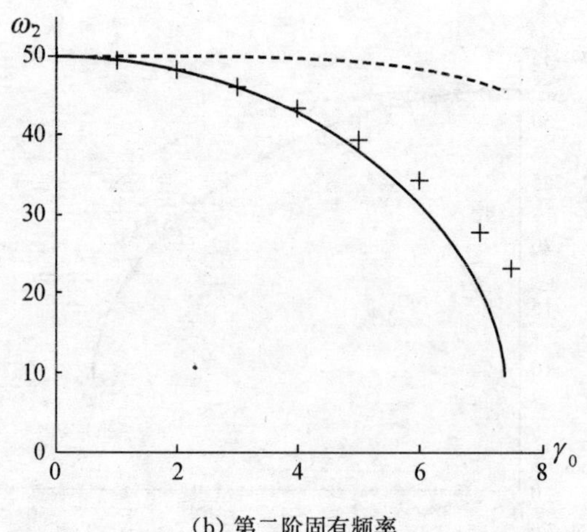

(b) 第二阶固有频率

图 8－5　两端固支条件下固有频率随速度的变化

在第三章我们已经用分析方法，得到了速度小扰动的加速轴向运动梁因次谐共振及组合共振引起的失稳区域. 这里，我们用数值方法再次计算失稳区域关与分析方法所得结果比较. 图 8－6 给出了当

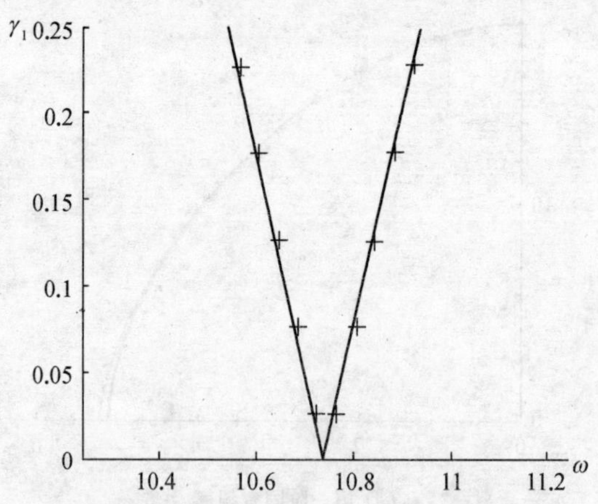

图 8－6　两端铰支加速运动梁分析方法与数值方法失稳区域结果比较

$\gamma_0 = 2.0$和$v_f = 0.8$时，两端铰支轴向运动梁的第一阶次谐波共振失稳区域，图中实线为分析解，而加号为数值解. 两种方法所得到的结果符合的很好，近一步证明了 Galerkin 方法有效性. 图 8-7 显示了当$\gamma_0 = 2.0$和$v_f = 0.8$时，两端固支轴向运动梁第一阶次谐波共振失稳区域分析结果与数值结果的比较.

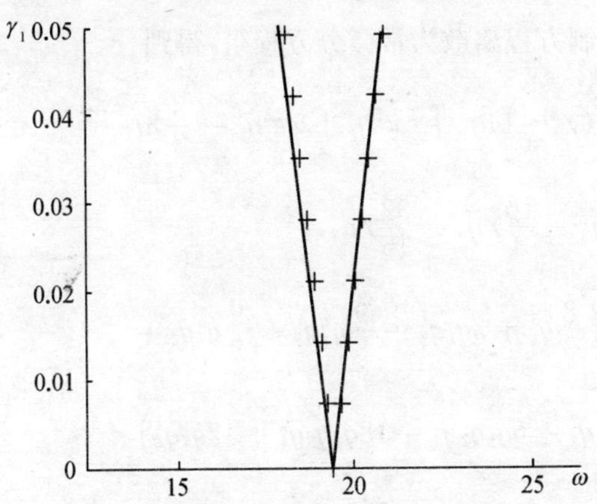

图 8-7　两端固支加速运动梁分析方法与数值方法失稳区域结果比较

8.4　非线性加速运动梁的分岔与混沌

由第二章的推导过程，得到两端铰支变速度粘弹性运动梁的非线性振动控制方程及其边界条件为

$$\frac{\partial^2 u}{\partial t^2} + 2\gamma \frac{\partial^2 u}{\partial x \partial t} + \frac{\mathrm{d}\gamma}{\mathrm{d}t}\frac{\partial u}{\partial x} + (\gamma^2 - 1)\frac{\partial^2 u}{\partial x^2} + v_f^2 \frac{\partial^4 u}{\partial x^4} + \alpha \frac{\partial^5 u}{\partial x^4 \partial t}$$

$$= \frac{3}{2}k_1^2 \frac{\partial^2 u}{\partial x^2}\left(\frac{\partial u}{\partial x}\right)^2 + \alpha k_2 \left[2\frac{\partial u}{\partial x}\frac{\partial^2 u}{\partial x \partial t}\frac{\partial^2 u}{\partial x^2} + \left(\frac{\partial u}{\partial x}\right)^2 \frac{\partial^3 u}{\partial x^2 \partial t}\right] \tag{8-21}$$

$$u(0,\ t)=u(1,\ t)=0,\ \frac{\partial^2 u}{\partial x^2}\Big|_{(0,\ t)}=\frac{\partial^2 u}{\partial x^2}\Big|_{(1,\ t)}=0 \quad (8-22)$$

采用 4 阶 Galerkin 截断方法，设

$$u(x,\ t)=\sum_{n=1}^{4} q_n(t)\sin(n\pi x) \quad (8-23)$$

把偏微分控制方程离散为常微分方程组，得到

$$\ddot{q}_1-\pi^2(\gamma^2-1)q_1+\varepsilon\pi^4 q_1+\alpha\pi^4\dot{q}_1-\frac{8}{3}\dot{\gamma}q_2-$$

$$\frac{16}{15}\dot{\gamma}q_4-\frac{16}{3}\gamma\dot{q}_2-\frac{32}{15}\gamma\dot{q}_4+$$

$$k_1^2\pi^4\Big(\frac{8}{3}q_1^3+3q_1q_2^2+\frac{9}{8}q_1^2q_3+\frac{9}{2}q_2^2q_3+$$

$$\frac{27}{4}q_1q_3^2+6q_1q_2q_4+18q_2q_3q_4+12q_1q_4^2\Big)+$$

$$k_2\pi^4\Big(\frac{3}{4}q_1^2\dot{q}_1+2q_2^2\dot{q}_1+\frac{3}{2}q_1q_3\dot{q}_1+\frac{9}{2}q_3^2\dot{q}_5+$$

$$4q_2q_4\dot{q}_1+8q_4^2\dot{q}_1+4q_1q_2\dot{q}_2+6q_2q_3\dot{q}_2+4q_1q_4\dot{q}_2+$$

$$12q_3q_4\dot{q}_2+\frac{3}{4}q_1^2\dot{q}_3+3q_2^2\dot{q}_3+9q_1q_3\dot{q}_3+$$

$$12q_2q_4\dot{q}_3+4q_1q_2\dot{q}_4+12q_2q_3\dot{q}_4+16q_1q_4\dot{q}_4\Big)=0$$

$$\ddot{q}_2-4\pi^2(\gamma^2-1)q_2+16\varepsilon\pi^4 q_4+16\alpha\pi^4\dot{q}_4+$$

$$\frac{8}{3}\dot{\gamma}q_1+\frac{24}{5}\dot{\gamma}q_3+\frac{16}{3}\gamma\dot{q}_1+\frac{48}{5}\gamma\dot{q}_3+$$

$$k_1^2\pi^4(3q_1^2q_2+9q_1q_2q_3+6q_2^3+27q_2q_3^2+$$

$$18q_1q_3q_4+3q_1^2q_4+27q_3^2q_4+48q_2q_4^2)+$$

$$k_2\pi^4(4q_1q_2\dot{q}_1+6q_2q_3\dot{q}_1+4q_1q_4\dot{q}_1+18q_3^2\dot{q}_4+$$

$$2q_1^2\dot{q}_2+12q_4q_3\dot{q}_1+12q_1q_3\dot{q}_4+6q_1q_3\dot{q}_2+64q_2q_4\dot{q}_4+$$

$$6q_1q_2\dot{q}_3+36q_2q_3\dot{q}_3+36q_3q_4\dot{q}_3+12q_1q_4\dot{q}_3+$$

$$2q_1^2\dot{q}_4+12q_2^2\dot{q}_2+18q_3^2\dot{q}_2+32q_4^2\dot{q}_2)=0$$

$$\ddot{q}_3-9\pi^2(\gamma^2-1)q_3+81\varepsilon\pi^4q_3+81\alpha\pi^4\dot{q}_3+$$

$$\frac{24}{5}\dot{\gamma}q_2-\frac{48}{7}\dot{\gamma}q_4-\frac{48}{5}\gamma\dot{q}_2-\frac{96}{7}\gamma\dot{q}_4+$$

$$k_1^2\pi^4\left(\frac{3}{8}q_1^3+\frac{9}{2}q_1q_2^2+\frac{27}{4}q_1^2q_3+27q_3q_2^2+\right.$$

$$\left.\frac{243}{8}q_3^3+18q_1q_2q_4+54q_2q_3q_4+108q_3q_4^2\right)+$$

$$k_2\pi^4\left(\frac{3}{4}q_1^2\dot{q}_1+3q_2^2\dot{q}_1+9q_1q_3\dot{q}_1+12q_2q_4\dot{q}_1+\right.$$

$$6q_1q_2\dot{q}_2+36q_2q_3\dot{q}_2+12q_1q_4\dot{q}_2+36q_3q_4\dot{q}_2+$$

$$\frac{9}{2}q_1^2\dot{q}_3+18q_2^2\dot{q}_3+\frac{243}{4}q_3^2\dot{q}_3+36q_2q_4\dot{q}_3+$$

$$\left.72q_4^2\dot{q}_3+12q_1q_2\dot{q}_4+36q_2q_3\dot{q}_4+144q_3q_4\dot{q}_4\right)=0$$

$$\ddot{q}_4-16\pi^2(\gamma^2-1)q_4+256\varepsilon\pi^4q_4+256\alpha\pi^4\dot{q}_4+$$

$$\frac{16}{15}\dot{\gamma}q_1+\frac{48}{7}\dot{\gamma}q_3+\frac{32}{15}\gamma\dot{q}_1+\frac{96}{7}\gamma\dot{q}_3+$$

$$k_1^2\pi^4(3q_1^2q_2+18q_1q_2q_3+27q_2^2q_3+$$

$$12q_4q_1^2+48q_3^2q_4+108q_3^2q_4+96q_4^3)+$$

$$k_2\pi^4(4q_1q_2\dot{q}_1+12q_2q_3\dot{q}_1+16q_1q_4\dot{q}_1+$$

$$2q_1^2\dot{q}_2+12q_1q_3\dot{q}_2+18q_3^2\dot{q}_2+64q_2q_4\dot{q}_2+$$

$$12q_1q_2\dot{q}_3+36q_2q_3\dot{q}_3+144q_3q_4\dot{q}_3+$$

$$8q_1^2\dot{q}_4+32q_1^2\dot{q}_4+72q_3^2\dot{q}_4+192q_4\dot{q}_4)=0 \tag{8-24}$$

梁的轴向速度有

$$\gamma=\gamma_0+\gamma_1\sin(\omega t) \tag{8-25}$$

下面我们用四阶 Runge-Kutta 方法求解常微分方程组(8-24)式.为研究梁运动的动态特性,考察固定时间间隔的梁中点位置的位移和速度,为了减小瞬态影响,丢掉前 40 000 个值而只在分岔图上绘出之后 50 个位移及速度的稳定数值.改变扰动速度振幅,就得到了梁中点位移及速度沿速度扰动振幅分岔的情况.

设定平均轴向速度 $\gamma_0=2.4$,刚度 $v_f=0.8$,粘弹性阻尼 $\alpha=0.001$,速度脉动频率 $\omega=3.5$,非线性项系数有 $k_1=0.8$,$k_2=1.0$.图 8-8 给出了位移及速度沿扰动振幅变化的分岔情况.由图可以看出,随扰动振幅由小到大的变化,由零平衡位置稳定点发生 Hopf 分岔而出现周期一的振动,随后发生系列倍周期分岔直至混沌,其后出现阵发性混沌,即出现混沌-周期振动-混沌这样一个间歇的转化.图 8-9 及图 8-10 为图 8-8 上某段的放大,它们分别代表了倍周期分岔到混沌及间歇混沌的两种分岔阶段.

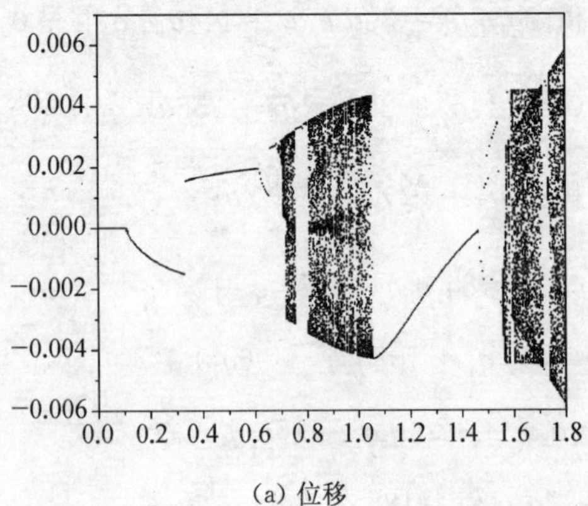

(a) 位移

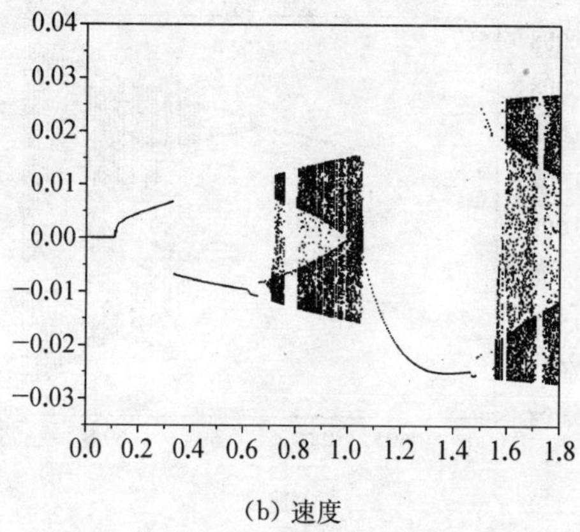

(b) 速度

图 8-8 沿无量纲化速度扰动分岔图

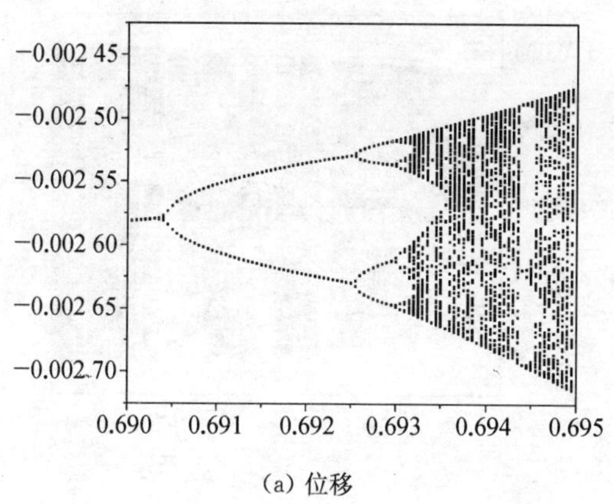

(a) 位移

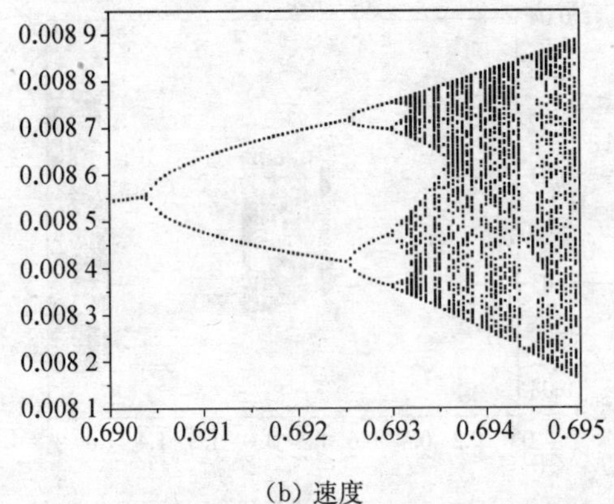

(b) 速度

图 8-9　沿无量纲化速度扰动而出现的倍周期分岔

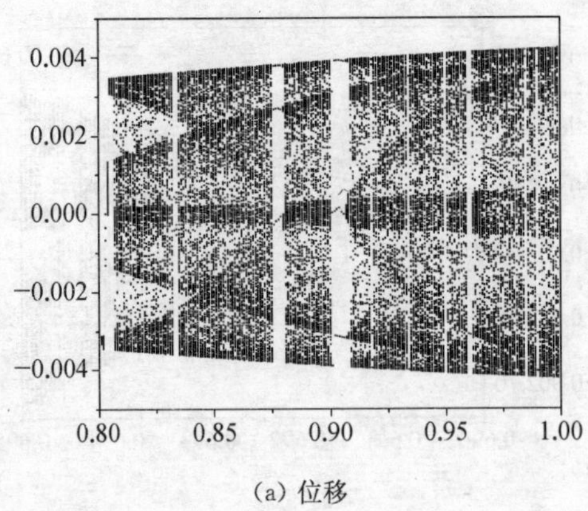

(a) 位移

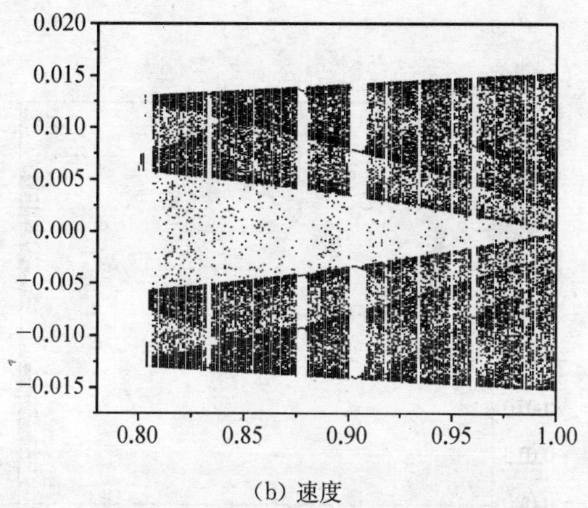

(b) 速度

图 8-10　沿无量纲化速度扰动而出现的间歇混沌

设定速度扰动振幅 $\gamma_1=1.0$，刚度 $v_f=0.8$，粘弹性阻尼 $\alpha=0.001$，速度脉动频率 $\omega=3.5$，非线性项系数有 $k_1=0.8$，$k_2=1.0$. 图 8-11 给出了位移及速度沿平均速度变化的分岔情况. 由图可以看出，随扰动振幅的变化，也存在倍周期分岔到混沌及间歇混沌的现象. 图 8-12 给出了放大图 8-11 某段出现倍周期分岔的部分.

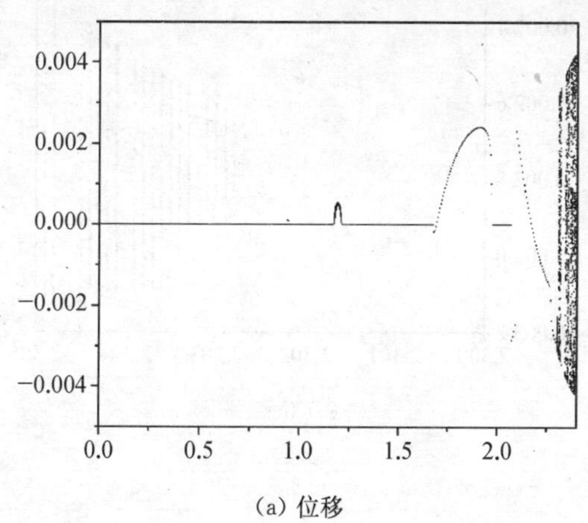

(a) 位移

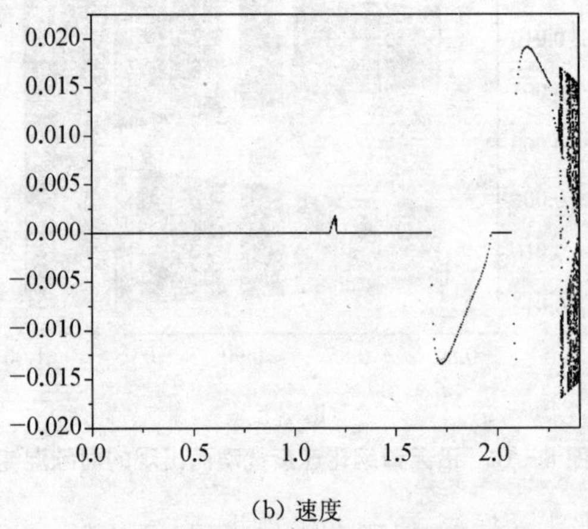

(b) 速度

图 8-11　沿无量纲化平均速度分岔图

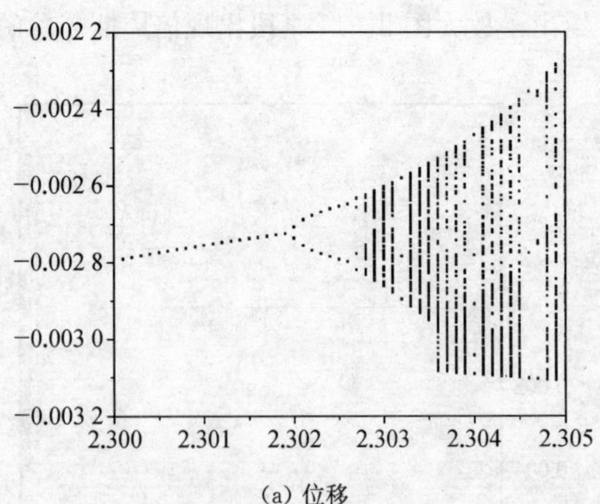

(a) 位移

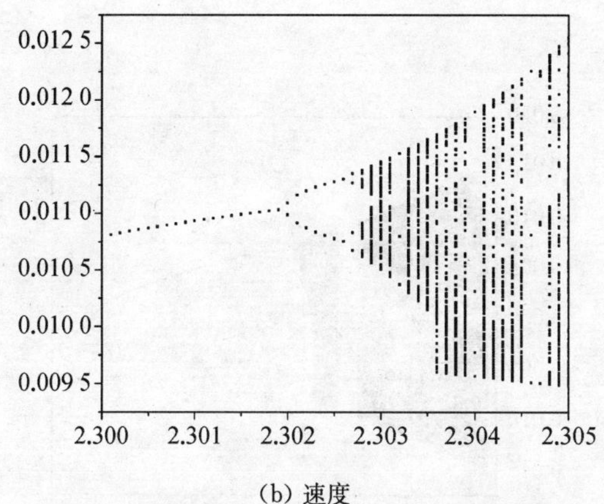

(b) 速度

图 8-12　沿无量纲化平均速度而出现的倍周期分岔

设定速度扰动振幅 $\gamma_1 = 1.0$，速度扰动振幅 $\gamma_1 = 1.0$，刚度 $v_f = 0.8$，速度脉动频率 $\omega = 3.5$，非线性项系数有 $k_1 = 0.8$，$k_2 = 1.0$. 图 8-13 给出了位移及速度粘弹性阻尼变化的分岔情况. 由图可以看出，和速度扰动振幅的分岔图性质相反，随粘弹性阻尼由大到小的变化，存在倍周期分岔到混沌及间歇混沌的现象. 图 8-14 给出了放大图 8-13 某段出现倍周期分岔的部分.

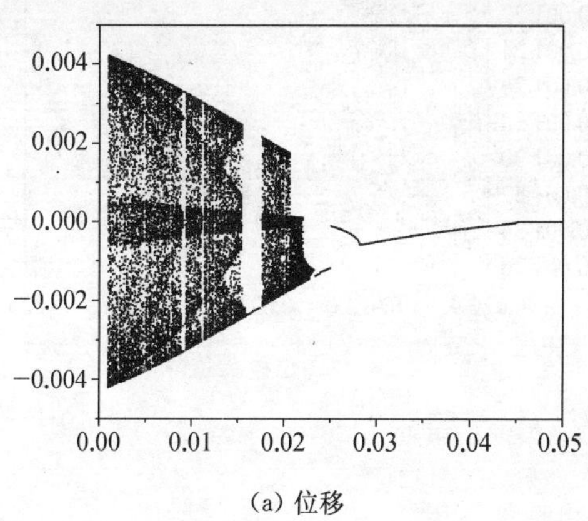

(a) 位移

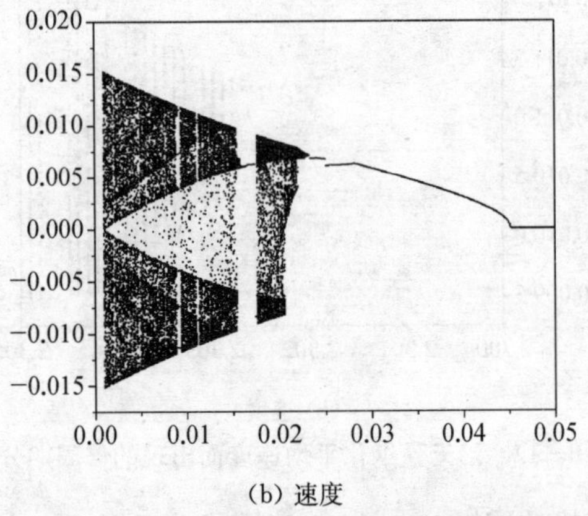

(b) 速度

图 8－13　沿无量纲化粘弹性阻尼分岔图

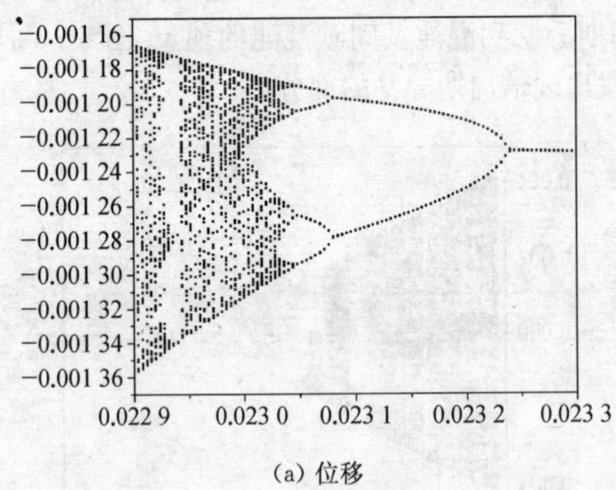

(a) 位移

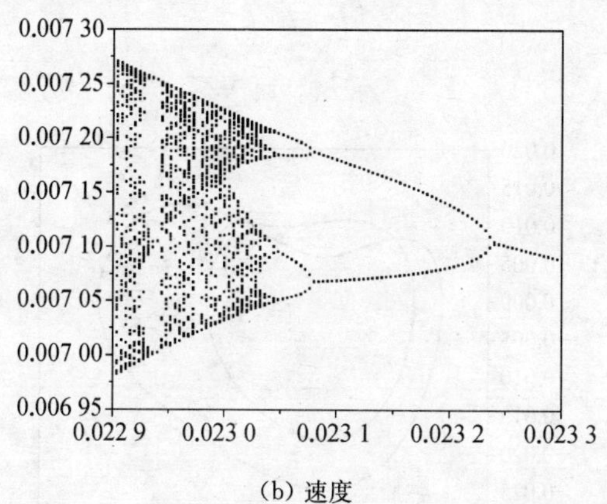

(b) 速度

图 8-14 沿无量纲化粘弹性阻尼而出现的倍周期分岔

相平面法是判断振动特性的一种有效方法. 图 8-15 到图 8-18 绘出了平均轴向速度 $\gamma_0 = 2.4$，刚度 $v_f = 0.8$，粘弹性阻尼 $\alpha = 0.001$，速度脉动频率 $\omega = 3.5$，非线性项系数有 $k_1 = 0.8$，$k_2 = 1.0$ 时，不同速度扰动振幅的相平面图. 图 8-15 到图 8-17 为不同期的周期运动，而 8-18 为混沌运动. 对于混沌运动的判断，我们可以利用 Poincare 方法及 Lyapunov 指数方法. 图 8-19 和图 8-20 分别为图 8-18状态下的 Poincare 映射图及 Lyapunov 指数随时间的变化图，其混沌性质显而易见.

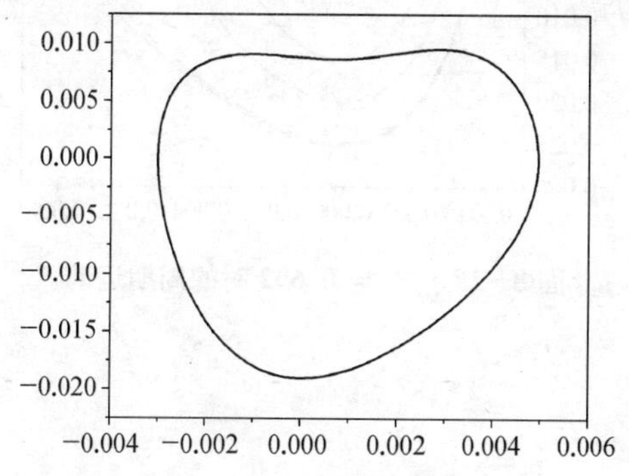

图 8-15 $\gamma_1 = 0.5$ 时的周期运动

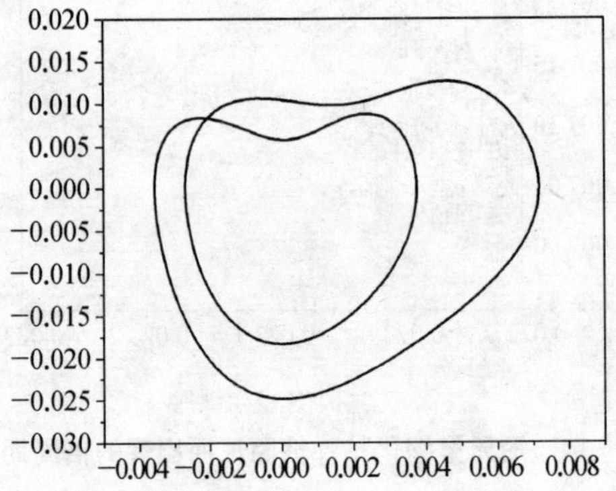

图 8-16 $\gamma_1 = 0.68$ 时的周期运动

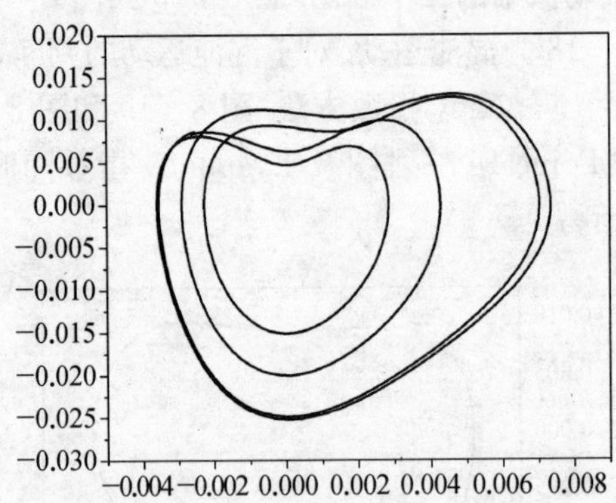

图 8-17 $\gamma_1 = 0.692$ 时的周期运动

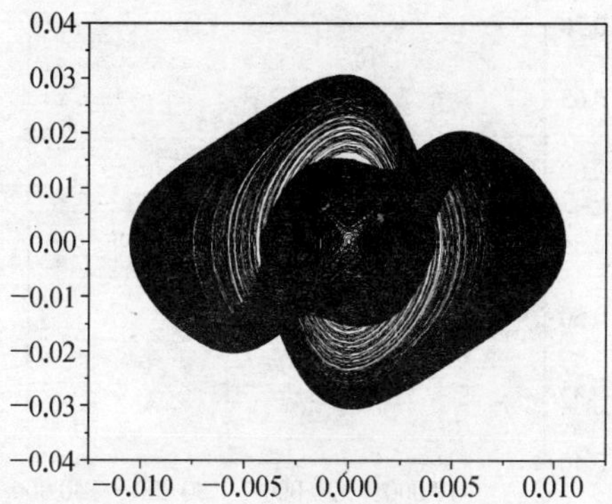

图 8-18　$\gamma_1 = 1.0$ 时的混沌运动

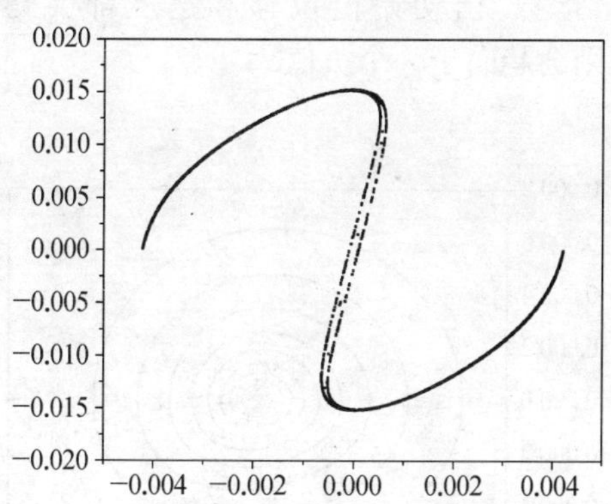

图 8-19　$\gamma_1 = 1.0$ 时混沌运动的 Poincare 映射图

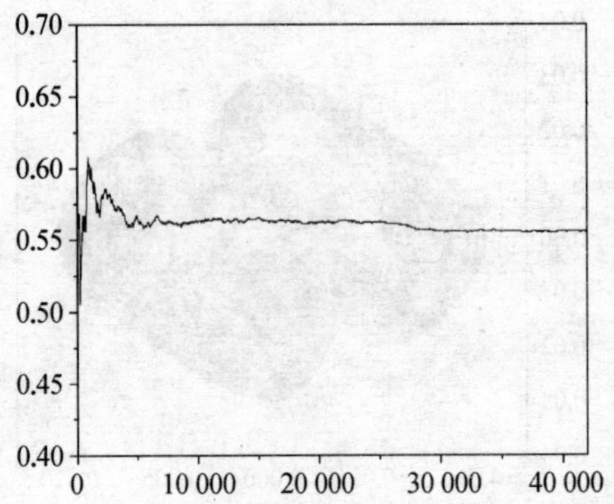

图 8-20　$\gamma_1 = 1.0$ 时混沌运动的 Lyapunov 指数

图 8-21 和 8-22 给出了平衡位置稳定点随时间变化的相平面图和 Lyapunov 指数. 由初始值位移和速度都会趋向于零点，而 Lyapunov 指数则会趋向于一个负值.

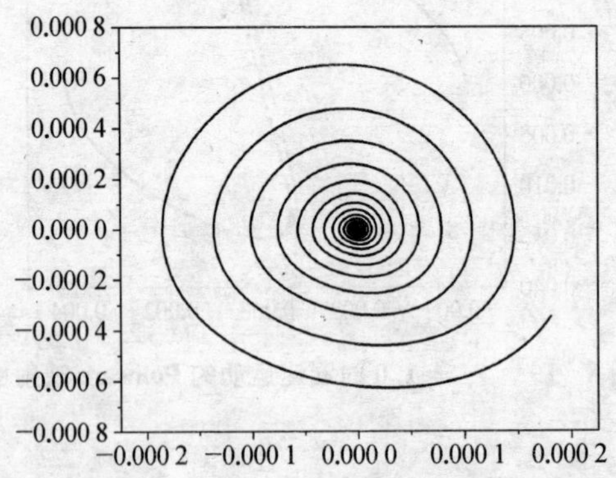

图 8-21　$\gamma_1 = 0.1$ 时相图随时间的变化

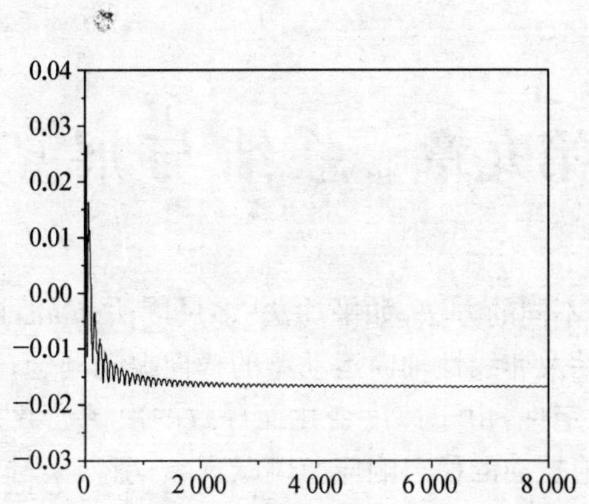

图8-22　$\gamma_1 = 0.1$ 时 Lyapunov 指数随时间的变化

8.5 小结

Galerkin 截断法可以把连续介质运动方程化为有限维的微分方程，使得分析大大简化.我们用不同阶次 Galerkin 方法及数值方法所得到的轴向运动梁的固有频率与分析结果相比较，并比较不同方法得到的加速运动梁共振失稳区域，发现这种方法简单而易行，尤其当研究低频率低轴向速度时更为有效.

我们还利用这种离散-数值方法讨论高速运动的轴向加速运动梁的非线性振动系统随不同参数的分岔行为，发现了伴随不同参数所出现的 Hopf 分岔、倍周期分岔及混沌现象.

第九章 总结与展望

本文使用不同的方法，如平均法、多尺度法、Galerkin法、数值方法等，分析线性及非线性轴向运动梁的横向振动问题；讨论运动梁在平衡位置的稳定性，由于速度变化而导致的次谐波共振失稳及分岔问题；分析强迫振动的稳态响应及跳跃现象；引入梁材料的粘弹性阻尼概念，分析粘弹性阻尼对梁轴向运动、幅频响应及失稳范围的影响；引入一种新的非线性项，比较不同非线项的结果；用数值方法研究高速运动梁的随不同参数的分岔及混沌运动.

本文研究为工程实际的轴向运动物体的应用及振动控制提供了良好的理论基础，在今后研究中可以进一步做出更为贴近工程的分析. 对于运动梁的支承问题，可以考虑更为复杂的约束情况；考虑到传送带中的运动梁问题，还可以分析梁与运输质量体的耦合情况；本文的分析中没有考虑内共振情况，如果固有频率存在比例关系，则需要作进一步的分析；本文运动梁振动非线性项由于梁轴向变形轴向应力变化而引起，在今后的工作中还可以分析弯矩变化而引发的类似问题.

参 考 文 献

1 Aiken J, An account of some experiments on rigidity produced by centrifugal force. *The London, Edinburgh, and Dublin Philosophical Magazine and Journal of Science*, 1878;**5**(29): 81－105

2 Mote C. D. Jr. Dynamic stability of axially moving materials. *The Shock and Vibration Digest*, 1972;**4**(4): 2－11

3 Ulsoy A. G, Mote C. D. Jr. Band saw vibration and stability. *The Shock and Vibration Digest*, 1978;**10**(1): 3－15

4 Ulsoy A. G. Mote C. D. Jr, Syzmani R. Proncipal developments in band saw vibration and stability research. *Holz als Roh-und Werkstoff*, 1978;**36**: 273－280

5 D'Angelo CIII, Slvarado N. T. Wang KW, Mote C. D. Jr. Current research on circular saw and band saw vibration and stability. *The Shock and Vibration Digest*, 1985; **17**(5): 11－23

6 Wickert J. A., Mote C. D. Jr. Current research on the vibration and stability of axially-moving materials. *The Shock and Vibration Digest*, 1988;**20**(5): 3－13

7 Wang K. W., Liu S. P. On the noise and vibration of chain drive systems. *The Shock and Vibration Digest*, 1991;**23**(4): 8－13

8 Abrate A. S. Vibration of belts and belt drives. *Mechanism and Machine Theory*, 1992;**27**(6): 645－659

9 陈立群, Zu JW. 轴向运动弦线的纵向振动及其控制. 力学进

展，2001;**31**(4)：535-546

10 陈立群，Zu JW. 平带驱动系统振动分析研究进展. 力学与实践，2001;**23**(4)：8-12转18

11 Chen L. Q. Nonlinear dynamics of suspended cables, part 3: analysis and control of transverse vibrations of axially moving strings. *ASME Applied Mechanics Reviews*, to be published

12 Rega G. Nonlinear dynamics of suspended cables, part 1: modeling and analysis. *ASME Applied Mechanics Reviews*, to be published

13 Rega G. Nonlinear dynamics of suspended cables, part 2: deterministic phenomena. *ASME Applied Mechanics Reviews*, to be published

14 Ibrahim R. A. Nonlinear dynamics of suspended cables, part 4: random excitation and interaction with fluid flow. *ASME Applied Mechanics Reviews*, to be published

15 Chubach IT. Lateral vibration of axially moving wire or belt form materials. *Bulletin of the Japanese Society of Mechanical Engineers*, 1958;**1**(1): 24-29

16 Thurman A. L., Mote C. D. Jr. Free, periodic, nonlinear oscillation of an axially moving strip. *ASME Journal of Applied Mechanics*, 1969;**36**(1): 83-91

17 Koivurova H. and Salonen E. M. Comments on nonlinear formulations for travelling string and beam problems. *Journal of Sound and Vibration*, 1999;**225**(5): 845-856

18 Zaiser J. N. Nonlinear vibrations of a moving threadline. 1964 Ph. D. Dissertation, University of Delaware

19 Ames W. F., Lee S. Y., Zaiser J. N. Nonlinear vibration of a travelling threadline. *International Journal of Nonlinear Mechanics*, 1968;**3**: 449-469

20 Mote C. D. Jr. On the nonlinear oscillation of an axially moving string. *ASME Journal of Applied Mechanics*, 1996; 33: 463-464

21 Simpson A. Transverse modes and frequencies of beams translating between fixed end supports. *Journal of Mechanical Engineering Science*, 1973; **15**(3): 159-164

22 Chonan S. Steady state response of an axially moving strip subjected to a stationary lateral load. *J. Sound Vib.*, 1986; **107**(1): 155-165

23 Wu W. Z., Mote C. D. Jr. Parametric excitation of an axially moving band by periodic edge loading. *Journal of Sound and Vibration*, 1986; **110**(1): 27-39

24 Han S. M., Benaroya H., Wei T. Dynamics of transversely vibrating beams using four engineer theories. *Journal of Sound and Vibration*, 1999; **225**(5): 935-938

25 Mote C. D. Jr. A study of band saw vibrations. *Journal of the Franklin Institute*, 1965; **279**(6): 430-444

26 Mote C. D. Jr., Naguleswaran S. Theoretical and experimental band saw vibrations. *ASME Journal of Engrg. Indus.*, 1966; **88**(2): 151-156

27 Wickert J. A., and Mote C. D. Jr. Classical vibration analysis of axially moving continua. *ASME Journal of Applied Mechanics*, 1990; **57**(3): 738-744

28 Meirovitch L. A new method of solution of the eigenvalue problem for gyroscopic systems. *AIAA Journal*, 1974; **12**: 1337-1342

29 Meirovitch L. A modal analysis for the response of linear gyroscopic systems. *ASME Journal of Applied Mechanics*, 1975; **42**(2): 446-450

30 陈立群，李晓军. 关于两端固定轴向运动梁的横向振动. 振动与冲击. 待发表

31 Ulsoy A. G. Coupling between spans in the vibration of axially moving materials. *ASME Journal of Vibration, Acoustics, Stress, and Reliability in Design*, 1986;**108**(2): 207 - 212

32 Stylianou M. Tabarrok M. Finite element analysis of an axially moving beam, part 1 time integration. *Journal of Sound and Vibration*, 1994;**178**: 433 - 453

33 Özkaya E, Öz H. R. Determination of natural frequencies and stability regions of axially moving beams using artificial neural networks method. *Journal of Sound and Vibration*, 2002;**254**(4): 782 - 789

34 Öz H. R., Pakdemirli M. Vibrations of an axially moving beam with time dependent velocity. *Journal of Sound and Vibration*, 1999;**227**: 239 - 257

35 Öz H. R. On the vibrations of an axially traveling beam on fixed supports with variable velocity. *Journal of Sound and Vibration*, 2001;**239**: 556 - 564

36 Renshaw A. A., Mote C. D. Jr. Local stability of gyroscopic systems near vanishing eigenvalues. *ASME Journal of Applied Mechanics*, 1996;**63**(1): 116 - 120

37 Seyranian A. P., Kliem W. Bifurcations of eigenvalues of gyroscopic systems with parameters near stability boundaries. *ASME Journal of Applied Mechanics*, 2001;**68**(1): 199 - 205

38 Al-jawi A. A. N., Pierre C. Ulsoy G. Vibration localization in dual-span axially moving beams, part 2 perturbation analysis. *Journal of Sound and Vibration*, 1995;**179**(2): 267 - 287

39 Parker P. G. On the eigenvalues and critical speed stability of gyroscopic continua. *ASME Journal of Applied Mechanics*,

1998;**65**: 134-140

40 Al-jawi A. A. N., Pierre C. Ulsoy G. Vibration localization in dual-span axially moving beams, part 1 formulation and results. *Journal of Sound and Vibration*, 1995; **179**(2): 243-266

41 Al-jawi A. A. N., Pierre C. Ulsoy G. Vibration localization in band-wheel systems: theory and experiments. *Journal of Sound and Vibration*, 1995;**179**(2): 289-312

42 Wang K. W., Liu S. P. On the noise and vibration of chain drive systems. *The Shock and Vibration Digest*, 1991;**23**(4): 8-13

43 Theodore R. J., Arakeri J. H. Ghosal A. The modeling of axially translating flexible beams. *Journal of Sound and Vibration*, 1996;**191**(3): 363-376

44 Riedel C. H., Tan C. A. Dynamic characteristics and mode localization of elastically constrained axially moving strings and beams. *Journal of Sound and Vibration*, 1998; **215**(3): 455-473

45 Öz H. R., Pakdemirli M., Özkaya E. Transition behaviour from string to beam for an axially accelerating material. *Journal of Sound and Vibration*, 1998; **215**(3): 571-576

46 Hwang S. J., Perkins N. C. Supercritical stability of an axially moving beam part 1 model and equilibrium analysis. *Journal of Sound and Vibration*, 1992;**154**: 381-396

47 Hwang S. J., Perkins N. C. Supercritical stability of an axially moving beam part 2 vibration and stability analyses. *Journal of Sound and Vibration*, 1992;**154**: 381-396

48 Hwang S. J., Perkins N. C. High speed stability of coupled band/wheel systems: theory and experiment. *Journal of*

Sound and Vibration, 1994;**196**(4): 459 - 483

49 Liu F. C. Nonlinear vibration of beams. *Aero-Astrodynamics Res. And Dev. Res. Review*, 1964;**1**: 74 - 79

50 Wickert, J. A. Non-linear vibration of a traveling tensioned beam. *International Journal of Non-Linear Mechanics*, 1992; **27**(3): 503 - 517

51 Moon J., Wickert J. A. Non-linear vibration of power transmission belts. *Journal of Sound and Vibration*, 1997;**200**(4): 419 - 431

52 Wickert J. A., Mote C. D. Jr. Response and discretization methods for axially moving materials. *Applied Mechanics Reviews*, 1991;**44**(11): S279 - S284

53 Chakraborty G., Mallik A. K. Parametrically excited nonlinear traveling beams with and without external forcing. *Nonlinear Dynamics*, 1998;**17**: 301 - 324

54 Chakraborty G., Mallik A. K. Non-linear vibration of a travelling beam having an intermediate guide. *Nonlinear Dynamics*, 1999;**20**: 247 - 265

55 Chakraborty G., Mallik A. K., Hatwal H. Non-linear vibration of a travelling beam. *International Journal of Non-Linear Mechanics*, 1999;**34**: 655 - 670

56 Chakraborty G., Mallik A. K. Wave propagation in and vibration of a traveling beam with and without non-linear effects. Part Ⅰ: Free vibration. *Jounal of Sound and Vibration*, 2000;**236**(2): 277 - 290

57 Chakraborty G., Mallik A. K. Wave propagation in and vibration of a traveling beam with and without non-linear effects. Part Ⅱ: Forced vibration. *Jounal of Sound and Vibration*, 2000;**236**(2): 291 - 305

58 Pellicano F., Zirilli F. Boundary layers and non-linear vibrations in an axially moving beam. *International Journal of Non-Linear Mechanics*, 1997;**33**(4): 691 - 711

59 Pakdemirli M., Özkaya E. Approximate boundary layer solution of a moving beam problem. *Mathematical and Computational Applications*, 1998;**2**(2): 93 - 100

60 Öz H. R., Pakdemirli M., Boyaci. Non-linear vibrations and stability of an axially moving beam with time-dependent velocity. *International Journal of Non-Linear Mechanics*, 2001;**36**: 107 - 115

61 Ravindra B., Zhu W. D. Low dimensional chaotic response of axially accelerating continuum in the supercritical regime. *Archive of Applied Mechanics*, 1998;**68**: 195 - 205

62 Parker P. G. On the eigenvalues and critical speed stability of gyroscopic continua. *ASME Journal of Applied Mechanics*, 1998;**65**: 134 - 140

63 Parker R. G., Lin Y. Parametric instability of axially moving media subjected to multifrequency tension and speed fluctuations. *ASME Journal of Applied Mechanics*, 2001;**68**(1): 49 - 57

64 Pellicano F., Fregolent A., Bertuzzi A., Vestroni F. Primary and parametric non-linear resonances of a power transmission belt. *Journal of Sound and Vibration*, 2001;**244**(4): 669 - 684

65 Marynowski K., Kapitaniak T. Kelvin-Voigt versus Buegers internal damping in modeling of axially moving viscoelastic web. *International Journal of Non-Linear Mechanics*, 2002;**37**: 1147 - 1161

66 Marynowski K. Non-linear dynamic analysis of an axially moving viscoelastic beam. *Journal of Theoretical and Applied*

Mechanics, 2002;**40**(2): 465 - 482

67 Wang K. W., Mote C. D. Jr. Vibration coupling analysis of band/wheel mechanical systems. *Journal of Sound and Vibration*, 1986;**109**: 237 - 258

68 Wang K. W., Mote C. D. Jr. Band/wheel system vibration under impulsive boundary excitation. *Journal of Sound and Vibration*, 1987;**115**: 203 - 216

69 Kim S. K., Lee J. M. Analysis of the non-Linear vibration characteristics of a belt-driven system. *Journal of Sound and Vibration*, 1999;**223**(5): 723 - 740

70 Yang X. D., Chen L. Q. Dynamic stability of axially moving viscoelastic beams with pulsating speed. *Applied Mathematics and Mechanics*, accepted

71 Chen L. Q., Yang X. D. and Cheng CJ, Dynamic stability of an axially accelerating viscoelastic beam. *European Journal of Mechanics A/Solids*, 2004;**23**: 659 - 666

72 Zajaczkowski J., Lipinski J. Instability of the motion of a beam of periodically varying length. *Journal of Sound and Vibration*. 1979;**63**: 9 - 18

73 Zajaczkowski J., Yamada G. Further results on the motion of a beam of periodically varying length. *Journal of Sound and Vibration*, 1980;**68**: 173 - 180

74 Ariartnam S. T., Asokanthan S. F. Torsional oscillations in moving bands. *ASME Journal of Vibration, Acoustics, Stress, and Reliability in Design*, 1988;**110**(3): 350 - 355

75 Öz H. R., Pakdemirli M. Vibrations of an axially moving beam with time dependent velocity. *Journal of Sound and Vibration*, 1999;**227**: 239 - 257

76 Öz H. R. On the vibrations of an axially traveling beam on

fixed supports with variable velocity. *Journal of Sound and Vibration*, 2001;**239**: 556 - 564

77 Nayfeh A. H., Mook D. T. *Nonlinear Oscillations*, New York: Wiley, 1979

78 Ibrahim R. A., Afaneh A. A., Lee B. H. Structural modal multifurcation with internal resonance Part 1: deterministic approach. *ASME Journal of Vibration and Acoustics*, 1993; **115**: 182 - 192

79 Lee C. L., Perkins N. C. Nonlinear oscillations of suspended cables containing a two-to-one internal resonance. *Nonlinear Dynamics*, 1992;**3**: 465 - 490

80 Riedel C. H., Tan C. A. Coupled, forced response of an axially moving strip with internal resonance. *International Journal of Non-Linear Mechanics*, 2002;**37**: 101 - 116

81 Tan C. A., Chung C. H. Transfer function formulation of constrained distributed parameter systems, part 1: theory. *ASME Journal of Applied Mechanics*, 1993; **60** (4): 1004 - 1011

82 Yang B., Tan C. A. Transfer functions of one-dimensional distributed parameter systems. *ASME Journal of Applied Mechanics*, 1992;**59**(4): 1009 - 1014

83 Yue M. G. Moving contact and coupling in belt strand vibration. *In Structural Dynamics of Large Scale and Complex Systems*, *ASME*, 1993;**59**: 139 - 144

84 Yue X. G. Belt vibration considering moving contact and parametric excitation. *ASME Journal of Mechanical Design*, 1995;**117**: 1024 - 1030

85 Takikonda B. O., Baruh H. Dynamics and control of a translating flexible beam with a prismatic joint. *ASME Journal*

of Dynamic Systems, Measurement, and Control, 1992;**114**: 422 - 427

86 Chen L. Q., Yang X. D. Steady-state response of axially moving viscoelastic beam with pulsating speed: comparison of two nonlinear models. *International Journal of Solids and Structures*. 2005;**42**(1): 37 - 50

87 Zhang L., Zu J. W. Nonlinear vibration of parametrically excited moving belts, Part Ⅰ: dynamic response. *ASME Journal of Applied Mechanics*. 1999;**66**: 396 - 409

88 Yang X. D., Chen L. Q. Bifurcation and chaos of an axially accelerating viscoelastic beam. *Chaos, Solitons and Fractals*, 2005;**23**: 249 - 258

89 Malatkar P., Nayfeh A. H. Calculation of the jump frequencies in the response of s. d. o. f. non-linear systems. *Journal of Sound and Vibration*, 2002;**254**(5): 1005 - 1011

90 Zhang L., Zu J. W. Nonlinear vibration of viscoelastic moving belts, Part Ⅱ: forced vibration analysis. *Journal of Sound and Vibration*, 1998;**216**(1): 93 - 105

91 Pellicano F., Vestroni F. Complex dynamic of high-speed axially moving systems. *Journal of Sound and Vibration*, 2002;**258**(1): 31 - 44

92 Stylianou M., Tabarrok M. Finite element analysis of an axially moving beam, part 1 stability analysis. *Journal of Sound and Vibration*, 1994;**178**: 455 - 481

93 Fung R. F., Lu P. Y., Tseng C. C. Non-linearly dynamic modeling of an axially moving beam with a tip mass. *Journal of Sound and Vibration*, 1998;**218**(4): 559 - 571

94 Kang M. G. The influence of rotary inertia of concentrated masses on the natural vibrations of fluid-conveying pipes.

Journal of Sound and Vibration, 2000;**238**(2): 179 - 187

95 Kang M. G. The influence of rotary inertia of concentrated masses on the natural vibrations of a clamped-supported pipe conveying fluid. *Nuclear Engineering and Design*, 2000; **196** (3): 281 - 291

96 Öz H. R. Natural frequencies of axially travelling tensioned beams in contact with a stationary mass. *Journal of Sound and Vibration*, 2003;**259**(2): 445 - 456

97 Tan C. A., Mote C. D. Jr. Analysis of a hydrodynamic bearing under transverse vibration of an axially moving band. *ASME Journal of Tribology*, 1990;**112**(3): 514 - 523

98 Tan C. A., Yang B., Mote C. D. Jr. Dynamic response of an axially moving beam coupled to hydrodynamic bearings. *ASME Journal of Vibration and Acoustics*, 1993;**115**: 9 - 15

99 Sugirnoto N., Kugo K., Watanabe Y. Derivation of nonlinear wave equation for flexural motions of an elastic beam traveling in an air-filled tube. *Journal of Fluids and Structures*, 2002; **16**(5): 597 - 612

100 Adams G. G., Manor H. Steady motion of an elastic beam across a rigid step. *ASME J. Appl. Mech.*, 1981; **48**(3): 606 - 612

101 Manor H., Adams G. G. An elastic strip moving with constant speed across a dropout. *Int. J. Solids Struc.*, 1983; **25**(2): 137 - 147

102 Adams G. G. An elastic strip moving across a rigid step. *Int. J. Solids Struc.*, 1982;**18**(9): 763 - 774

103 Wickert J. A., Mote C. D. Jr. On the engrgetics of axially moving continua. *The Journal of the Acoustical Society of America*, 1989;**85**(3): 1365 - 1368

104 Mote C. D. Jr., Wu W. Z. Vibration coupling in continuous belt and band systems. *Journal of Sound and Vibration*. 1985;**102**(1): 1-9

105 Renshaw A. A., Rahn C. D., Wickert J. A., *et al*. Energy and conserved functionals for axially moving materials. *ASME Journal of Vibration and Acoustics*, 1998;**120**(2): 634-636

106 Zhu W. D., Ni J. Energetics and stability of translating media with an arbitrarily varying length. *ASME Journal of Vibration and Acoustics*, 2000;**122**: 295-304

107 Zhu W. D. Control volume and system formulations for translating media and stationary media with moving boundaries. *Journal of Sound and Vibration*, 2002;**254**(1): 159-201

108 Kwon Y. I., Ih J. G. Vibrational power flow in the moving belt passing through a tensioner. *Journal of Sound and Vibration*, 2000;**229**(2): 329-353

109 Hattori N., Fuji Y., Sogihara H. Feedback control of a band saw with an actuator. *Journal of Japan Wood Research Society*, **28**(12): 783-787

110 Takikonda B. O., Baruh H. Dynamics and control of a translating flexible beam with a prismatic joint. *ASME Journal of Dynamic Systems, Measurement, and Control*, 1992;**114**: 422-427

111 Yang B. Vibration control of gyroscopic systems via direct velocity feedback. *Journal of Sound and Vibration*, 1994;**175**(4): 525-534

112 Fung R. F., Chou J. H., Kun Y. L. Optimal boundary control of an axially moving material system. *ASME Journal of Dynamic Systems, Measurement, and Control*, 2002;**124**(1):

55 - 61

113 Lee S. Y., Mote C. D. Jr. Wave characteristics and vibration control of translating beams by optimal boundary damping. *ASME Journal of Vibration and Acoustics*, 1999; **121**(1): 18 - 25

114 Zhu W. D., Ni J., Huang J. Active control of translating media with arbitrarily varying length. *ASME Journal of Vibration and Acoustics*, 2001; **123**: 347 - 358

115 Nayfeh A. H., Nayfeh J. F., Mook D. T. On methods for continuous systems with quadratic and cubic nonlinearities. *Nonlinear Dynamics*, 1992; **3**: 145 - 162

116 Pakdemirli M., Nayfeh S. A., Nayfeh A. H. Analysis of non-to-one autoparametric resonances in cables-discretization vs. direct treatment. *Nonlinear Dynamics*, 1995; **8**: 65 - 83

117 Nayfeh A. H., Nayfeh S. A., Pakdemirli M. *In Nonlinear Dynamics and Stochastic Mechanics*. N. S. Namachchivaya and W. Kliemann editors: CRC Press, 1995; 175 - 200

致 谢

本文是在导师陈立群教授悉心指导和热情关怀下完成的.首先向陈立群教授表示崇高的敬意和由衷的谢意.陈老师对学科方向把握准确、对学生特点了解全面,为整个课题组的研究工作创造了良好条件,使作者能够如期顺利完成博士阶段的课程学习和论文工作.由于陈老师的循循善诱和严格要求,作者的科研能力有所提高,知识面更为宽广,为今后的工作科研打下良好基础.导师高深的学术造诣、和蔼的处世态度、严谨的治学精神和高尚的做人风范都给我留下深刻印象.导师的言传身教已经并将继续对我的专业发展起到至关重要的作用.

衷心感谢硕士及学士阶段的指导教师,沈阳航空工业学院金基铎教授.金基铎教授将我领入非线性振动这一研究领域,随后他一直关心和支持作者学术和职业的发展.

非常感谢本课题组的同学们:张伟博士、赵维加博士、傅景礼博士、戈新生博士、薛纭博士、张宏彬博士、刘荣万博士、郑春龙博士、胡庆泉博士和李晓军硕士、吴俊硕士、刘芳硕士.感谢他们在生活和学术上的帮助,与他们的学术探讨使我深受启发.好友王兆清博士、魏高峰博士、李树忱博士等也给予我许多无私的帮助与支持.

在2002年10月参加第九届现代数学与力学会议期间,曾得上海交通大学刘延柱教授和北京大学武际可教授的指教.在2002年11月参加第七届全国非线性动力学学术会议和第十届全国非线性振动学术会议期间,得到了北京航空航天大学陆启韶教授、北京工业大学张伟教授在学术上启发性的指导.同济大学徐鉴教授的指教诱发了我对问题更深层次的思考.在此向各位专家表示感谢.

感谢力学所郭兴明教授,程昌钧教授及戴世强教授对作者在上海大学上海市应用数学和力学研究所期间的学习给予的关心和帮助.感谢麦穗一老师、董力耘老师和秦志强老师,以及孙畅和王端老师三年来的关心和帮助.感谢力学所的领导和各位老师为我们创造了如此美好的学习及工作环境.

感谢周华博士在学术及事业方面的关心;感谢蒋华女士在学业及生活上的照顾.

深深感谢养育我的父母亲,他们用辛勤的劳动和滚滚的汗水创造了我深造学习的机会;感谢弟弟晓明对我学业的真心支持,他在父母身边守护,使我有机会安心在沪学习;感谢家中每位亲人朋友热忱的关心,每每让我感觉到幸福和温馨.

作者研究工作得到国家自然科学基金项目(No. 10172056,No. 10472060)和上海市自然科学基金项目(No. 04RZ14058)资助,在此鸣谢!